★★★★★★

Roll Cake

林倍加 著

◎令人垂涎三尺的蛋糕卷

作者序

慢工出細活・烘焙人生的堅持

在這一路的烘焙路中，按部就班的秤量，謹慎精細的操作，隨著每個成品的出爐，我對烘焙的熱忱也因此一頭栽進，並以更嚴格的製作標準來自我要求，以期做出的成品能為大家帶來幸福感。

本書規劃出基本蛋糕卷的各式蛋糕體作法，像戚風、海綿大家熟知的蛋糕體及口感更乾爽鬆口的法式海綿，以及添加了乳化劑－SP的蛋糕，在構思這本書時，就一直在想，我該如何讓大家了解，很多對於關於「添加劑」害怕的既定印象，這些所謂的「添加劑」，可以把它想成特殊調味料（如味素），適量添加會有加分的效果，但是本身的成份，為什麼要添加的理由及精準的份量，才是最重要的，應該這麼說，現今我們能在市面上購買到的絕大部分食品，幾乎都有所謂的「添加劑」，只是差別在其成份及添加的多寡，當然，隨著現代人對健康的重視，會倡導「添加劑」不使用，這固然是好的，但我認為對初學烘焙的朋友而言，是比較不恰當的，因為這會影響了成品的成功率和口感，也間接打擊玩烘焙的本意與自信心，玩烘焙應該是在享受自己動手完成成品的喜悅下建立起來的自信與滿足，正確了解每個材料的功能，及正確的使用方法，再視產品種類來做調整，而不要一昧的排斥「添加劑」，這是對初學者的一點小建議。然而如何在健康、美味、美觀三方面取得平衡，交給是師傅，也是專業教師的我們就對了！

精確的配方、簡單的步驟、精緻的成品，一直是我想在書中呈獻給所有讀者的，也是我期許自己的一種堅持，我一直認為，循序漸進是不變的原則，基本功紮實了，每個配方的數量、步驟都不馬虎，確實按部就班操作，必有完美的成品，累積到一定的經驗後，便能掌握配方中巧妙的增、減變化，及體會到烘焙世界中迷人的魅力，必也能創造出屬於您自己獨特的烘焙天地！

從一開始跟許老師的合作的5本書到我自己出書，這其中也要特別感謝許正忠老師，給了我很多意見的協助，讓這本書能更加完整！

林倍加

時間的粹煉
光芒耀眼的璞玉

多年前，在偶然的機會中，在一家不起眼，但生意卻很好的麵包店中，認識了這塊烘焙界中的璞玉－林倍加師傅，當初以專業的眼光來看這家店，怎麼都不像是可以生意興隆的店，仔細的觀察在架上販售的麵包、蛋糕…等，這時才終於明白，這生意好的原因！尤其以蛋糕的賣相，看起來既專業又可口，而這些賣相佳，口味好吃的蛋糕西點正是出自林師傅之手！

正因如此，林師傅那精湛的手藝、內斂樸實的個性，便馬上吸引我的關注，也讓我有了惜才的感覺，於是便開啟了我與林師傅一連串的合作，算算至今也七個年頭了，這中間也一起合作了 5、6 本烘焙的書籍，不論是教學或出書，看著林師傅總是全力以赴，努力不懈，舉凡每個過程，他都不斷的鞭策自己，要求自己，總想著如何將他最好的做最完美的呈現。

在這本「令人垂涎三尺的蛋糕卷」中，便清楚的看到林師傅他無限的巧思、及深厚的烘焙功力，再加上他的精準配方和獨特純熟的作法，讓這個主題、這本書更完整，不但適合初學者輕鬆學習，也值得開店同業進修參考，全方位的考量，足見他的用心－經過了這幾年的琢磨，這塊璞玉正散發著璀璨的光芒，請大家拭目以待！

許正忠

令人垂涎三尺的蛋糕卷

CONTENTS

PART1 清爽濕潤的戚風蛋糕

PART2
綿密富彈性的
全蛋海綿蛋糕

PART3
乾爽鬆軟的
法式海綿蛋糕

PART4
細緻柔軟的
乳化劑（SP）蛋糕

一定要知道
烘焙材料介紹

製作烘焙產品時主要的材料大致有麵粉、蛋、糖、油脂、乳製品、膨脹劑、SP乳化劑（起泡劑）、香料等，在此便針對這些材料的特性和使用方式來加以做介紹，讓大家更清楚。

麵粉 Flour

麵粉大致又可分為白麵粉和多穀物麵粉兩大類：

● **白麵粉** 麵粉因內含有蛋白質，一但遇到水會產生一麵筋（麵團彈性），而又依照蛋白質含量的不同，產生的筋度強弱又可細分為下列四種：

a. 特高筋麵粉 High gluten flour（蛋白質含量 13.5%以上）：
筋度最強，適合製作高膨脹度的產品，如油條、麵筋等。

b. 高筋麵粉 Bread flour（蛋白質含量 11.5～13.5%）：
筋度較強，適合製作大部分的麵包、春捲皮等較有咬勁的產品。

c. 中筋麵粉 Plain flour（蛋白質含量 9.5～11.5%）：
筋度適中，適合製作饅頭、包子、派皮、燒餅等大部分的中式點心。

d. 低筋麵粉 Low gluten、Cake flour（蛋白質含量 6.5～9.5%）：
筋度最低，適合製作大部分的蛋糕、小西餅等西點。

但須注意的是各種筋度的麵粉在使用並不是絕對的，配合其他的材料亦可有不同用法：例如很受喜愛的蜂蜜蛋糕，很多是使用中筋麵粉。

● **多穀物麵粉** 即白麵粉內混合了全麥粉，麩皮，或其他雜糧的麵粉，這些麵粉的筋度多介於高筋麵粉和中筋麵粉之間，常使用於歐式麵包、雜糧饅頭、全麥餅乾等產品。

蛋 Egg

蛋本身即豐富營養，攪拌時又容易包覆空氣而產生起泡性，蛋黃本身又有良好的乳化特性和著色性，所以蛋亦被廣泛的運用於烘焙產品中，而蛋白、蛋黃、全蛋在特性及適用的地方又可分別做說明

- **蛋白**　蛋白在攪打中有很好的起泡性，所以常用於戚風蛋糕和天使蛋糕及牛軋糖，但要注意在打發起泡過程不可接觸到油脂類，否則不易打發，另外若蛋白不打發而混合產品中，其水份含量很多，所以完成的產品較硬脆，如杏仁瓦片。

- **蛋黃**　蛋黃亦有不錯的起泡性，且散發出蛋香，凝固時也較膨鬆，烤焙時容易上色，常用於虎皮蛋糕，和吃起來口感酥鬆的餅乾產品。

- **全蛋**　全蛋的起泡性介於蛋黃、蛋白之間，若配合適量的糖跟麵粉，則可做出口感較有彈性的海綿蛋糕，餅乾製作過程若加入全蛋，則口感較酥但又不易鬆散。

另外蛋的熱凝固性，亦常運用在布丁、蛋塔、歐式鹹派中。而麵包中若加入蛋，可提高蛋白質含量，可讓麵包在咀嚼時更具香氣和咬勁（彈性）。

糖 Sugar

糖在烘焙產品中，除了提供甜味外，也因它富含水份而可使組織柔軟濕潤，其著色特性可讓產品的外觀看起來更為可口，另外不可不提的是，糖也是一種韌性材料，是烘焙產品重要的支撐材料之一。

依它的風味及顆粒大小可分為：特砂糖、二砂糖、細砂糖、綿白糖、葡萄糖、糖粉、翻糖、黑糖（紅糖）、及所有的液態糖漿。

但這麼多種類的糖，使用時該如何取捨呢？其實原則很簡單，除了取特殊風味外，一般來說製作過程中攪拌的時間愈久，則可選擇顆粒較大的糖（含水份較多，產品較濕潤），如麵包和以蛋為主的蛋糕，反之，若攪拌的時間較短，則可選擇顆粒較小的糖（綿白糖、糖粉）如餅乾、重奶油蛋糕等。

油脂 Fat

大致可分為固態油脂和液態油

- **固態油脂** 有天然油脂（如奶油、豬油、牛油）和乳化氫化油脂（如酥油、白油、瑪琪琳），特性為富含打發性，可使產品酥、鬆、脆，亦有安定性，在麵糊攪拌時，若拌入大量空氣時，可安定麵糊，使麵糊較不易消泡，烤焙時較不易塌陷。

- **液態油** 在烘焙產品加入液態油（如沙拉油），可使產品口感吃起來較柔軟、滑潤。

食品膨脹劑 Leavening Agent

烘焙食品中常見的膨脹劑大部份都是利用食品級的化學藥品，以其鹼性的特質和食物的酸性中和後，而釋放出二氧化碳，使得烘焙產品達到膨脹的效果，最常被使用的有以下三種：

a. 小蘇打粉 Baking soda：
鹼性較強，且有增色效果，多使用於像巧克力類酸性較強的產品，以中和可可粉的酸性，也常用於黑糖或需要增色的產品，如巧克力蛋糕及黑糖蛋糕等。

b. 泡打粉 Baking powder：
很多食譜上也稱做醱粉，是小蘇打粉混合其他物質而成鹼性轉弱，常用於一般需要膨鬆口感的產品，如鬆餅、雞蛋糕等。

c. 碳酸氫氨 NH4HCO3：
（俗稱「銨粉」）是可溶於水、有刺鼻味、穩定度低的白色結晶化學物質，也就是俗稱的阿摩尼亞，鹼性特強，常用於需快速膨脹的產品，如油條、双胞胎、芝麻球等。

當然除了鹼性的食品膨脹劑，也有酸性的食品膨脹劑，如製作蛋糕經常會使用到的塔塔粉（Cream of tartar），常用於蛋白打發時，中和蛋白的鹼性，使蛋白在膨脹過程中更細緻。

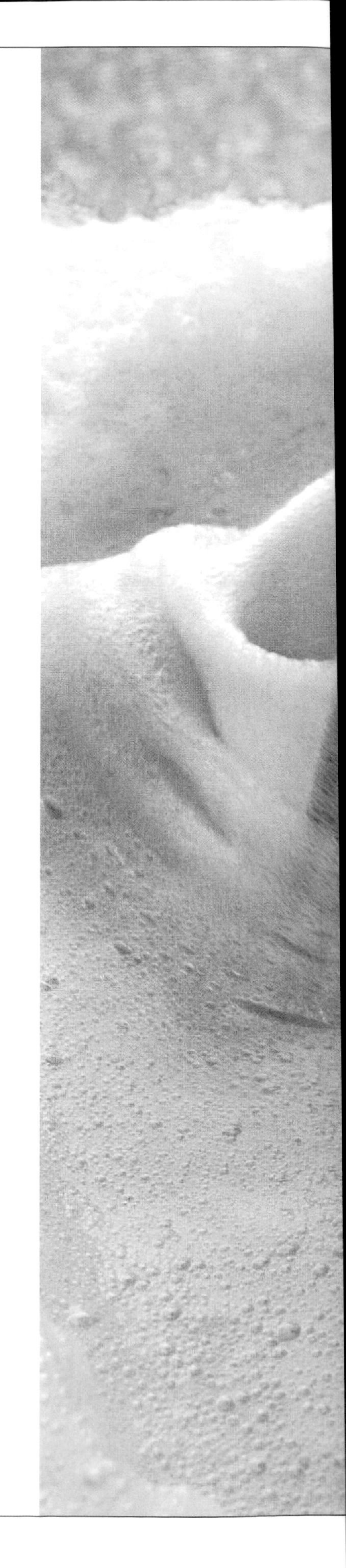

乳製品 Milk Product

乳製品中影響風味最大的成份是乳脂肪，它是乳香產生的最大來源，而乳脂肪更可以增加產品的柔軟及滑潤。無論是牛乳、奶水（蒸發乳）、保久乳、煉乳都有同樣的效果。

另外，鮮奶油具有打發性，在攪拌過程中，油脂將小氣泡包覆，可增加它的體積及可塑性，廣泛的運用於內餡、慕斯和外表裝飾上。而起士（乳酪）則常運用於起士蛋糕、披薩及麵包內餡。

鹽 Salt

鹽在烘焙製作過程中，使用量非常少，但功效不小，如麵包、蛋糕與西點的製作，烘焙中所用的鹽主要為精鹽，適量的鹽具有相乘的作用，可提升其他原料特有的風味，鹽在甜的食物中具有調整產品甜度的功能，可降低產品之甜味，製作蛋糕時使用適量的鹽是必要的，鹽的用量多少則因蛋糕的種類而異。

SP 乳化劑 Surfactant Powder

俗稱起泡劑，是一種能將水和油混合成均勻乳液狀態的界面活性劑，它的種類有很多，像卵磷脂、單酸甘油脂，即是常見的，蛋黃本身也具有很好的乳化作用，若將它使用在產品中，可減少油水分離，增加起泡力，而使體積變大，使蛋糕細緻柔軟，更可使烘焙過程中水份減少散失，使產品更濕潤並延緩老化，常見使用的產品有蜂蜜蛋糕、長崎蛋糕等產品。

另外值得一提的是，美奶滋的製作便是蛋黃乳化作用的的代表作。

香料 Artifical Flavoring

烘焙食品為了增加產品口感的各種風味，常會使用不同的香料，這香料又可分為天然和合成兩類：

- 天然香料　如香草豆莢、肉桂、薄荷、丁香、蘿勒等天然植物及其的粹取物，以及各種果泥，使用於產品中，它的味道較不容易以嗅覺馬上聞到，但入口咀嚼後便可感受到天然淡淡的香氣。

- 合成香料　如草莓香精、咖啡香料、牛奶醬…等，使用於產品中，會散發出濃郁的香氣來吸引人，但吃起來的香味則不如天然的香料那麼自然。

※ 本材料資訊由福華大飯店點心房領班—許正忠老師提供

一定要學會

蛋糕基本製作法

1 戚風蛋糕基本製作法

詳細作法

● 基本配方：30 x 40cm 一盤

A. 沙拉油 155g、鮮乳 100g

B. 低筋麵粉 130g、泡打粉 2g

C. 蛋黃 150g

D. 蛋白 310g、細砂糖 155g、塔塔粉 3g

● 製作過程：

1. 先將材料 A（沙拉油、鮮乳）一起放入攪拌缸內攪拌均勻。
2. 將材料 B（低筋麵粉、泡打粉）過篩後，一起放入攪拌缸內拌勻。
3. 續將材料 C 的蛋黃加入拌勻至呈光滑沒有顆粒，備用。
4. 將材料 D 的蛋白先放入攪拌缸打至起泡狀，再加入細砂糖、塔塔粉打至濕性發泡的蛋白霜（濕性發泡為蛋白打至前端要稍微彎曲，不可以太硬）。
5. 先取 1/3 的蛋白霜拌入作法 3 的蛋黃麵糊中，略為輕輕拌勻。
6. 再將另 2/3 的蛋白霜加入一起攪拌拌勻即可（此時的麵糊應呈光滑細緻狀）。
7. 將麵糊倒入鋪紙的烤盤中約 8 分滿，抹平（在抹平表面時要注意讓麵糊的高度儘量一致，使蛋糕在烤時可以平均受熱）。
8. 放入烤箱中以 180℃，烤約 15～20 分鐘，出爐，待冷卻即可。

TIPS：

1. 請記得！粉類的材料都要先過篩。
2. 一般份量少時，蛋黃部份都只有拌勻而已，不必打發。
3. 蛋白打發時，攪拌缸內不可有油脂，或太多水分。
4. 一般濕性發泡，大部分運用於天使蛋糕、重奶油戚風蛋糕、巧克力重奶油戚風蛋糕或乳酪類的戚風蛋糕。
5. 蛋白打發若要更快速，可先打蛋白至濕性發泡後，再加細砂糖，以中速打至硬性發泡。

2 海綿蛋糕（全蛋蛋糕）基本製作法

詳細作法

- 基本配方：30 x 40cm 一盤

A. 全蛋 450g（約 8 個）、細砂糖 210g
B. 低筋麵粉 290g
C. 奶油 60g、鮮乳 70g

- 製作過程：

1. 先將材料 A 中的全蛋放入攪拌缸內攪打均勻。
2. 再加入細砂糖攪拌均勻。
3. 將攪拌缸隔水加熱，邊煮邊攪拌至 38℃ ~40℃左右。
4. 離火，將蛋液倒入另一攪拌缸繼續打發至可不滴落。
5. 加入材料 B（低筋麵粉、泡打粉）一起攪拌均勻。
6. 加入材料 C（沙拉油、鮮乳），繼續攪拌。
7. 攪拌至麵糊呈光滑細緻。
8. 將麵糊倒入鋪紙的烤盤中約 8 分滿，抹平（在抹平表面時要注意讓麵糊的高度儘量一致，使蛋糕在烤時可以平均受熱）。
9. 放入烤箱中以 170℃，烤約 15～20 分鐘，出爐，待冷卻即可。

TIPS：蛋最好先回溫至室溫，再行操作。

3 法式海綿蛋糕 1 基本製作法 蛋黃未打發

詳細作法

● 基本配方：30cm x 40cm 一盤

A. 蛋白 200g、細砂糖 120g

B. 蛋黃 100g

C. 鮮乳 45g、沙拉油 30g

D. 低筋麵粉 70g

● 製作過程：

1. 材料 A 中的蛋白先放入攪拌缸中以快速打發。
2. 蛋白打至起泡後，再將細砂糖加入，攪打至細砂糖溶解（為濕性發泡）。
3. 續將材料 B 的蛋黃加入攪打（時間約 30 秒 ~1 分鐘）至不滴落。
4. 將材料 D 的低筋麵粉過篩後，加入拌勻。
5. 續將材料 C 中的鮮乳先加入攪拌，再將沙拉油加入一起攪拌。
6. 麵糊攪拌至呈流動狀態即可。
7. 將麵糊倒入鋪紙的烤盤中約 8 分滿，抹平（在抹平表面時要注意讓麵糊的高度儘量一致，使蛋糕在烤時可以平均受熱）。
8. 放入烤箱中以 180℃，烤約 12～15 分鐘，出爐，待冷卻即可。

4 法式海綿蛋糕 2 基本製作法 蛋黃打發

詳細作法

● 基本配方：30cm x 40cm 一盤

A. 蛋黃 85g、細砂糖 40g

B. 蛋白 215g、細砂糖 70g、塔塔粉 3.5g

C. 低筋麵粉 100g

● 製作過程：

1. 先將材料 A（蛋黃、細砂糖）一起拌勻打發至不滴落，為蛋黃糊。
2. 將材料 B 中的蛋白先打至稍微起泡。
3. 再將細砂糖、塔塔粉分 2 次加入，打至硬性發泡的蛋白霜。
4. 將蛋黃糊加入蛋白霜中一起拌勻。
5. 將材料 C 的低筋麵粉過篩後，加入拌勻。
6. 將麵糊裝入擠花袋中，以平口花嘴擠直線條或斜線條於鋪紙的烤盤中。
7. 放入烤箱中以 180℃，烤約 15～20 分鐘，出爐，待冷卻即可。

TIPS：蛋白和蛋黃要分開，同時打，會建議先打蛋黃的部份，因為蛋白打發後，會很快消泡，蛋黃糊先打發，較不易消泡。

5 添加 SP 海綿蛋糕基本製作法

詳細作法

- 基本配方：30cm x 40cm 一盤

A. 全蛋 200g、細砂糖 85g
B. 低筋麵粉 85g、泡打粉 1g
C. SP5g
D. 沙拉油 30g、鮮乳 30g

- 製作過程：

1. 先將材料 A（全蛋、細砂糖）放入攪拌缸中一起打至細砂糖溶解（為濕性發泡）。
2. 將材料 D（鮮乳、沙拉油）一起直接加熱至 80℃左右。
3. 將材料 B（低筋麵粉、泡打粉）過篩後，加入拌勻。
4. 再續打 5～10 分鐘。
5. 再將材料 C（SP）加入一起打發。
6. 將作法 2 預熱的鮮乳、沙拉油加入拌勻。
7. 將麵糊倒入鋪紙的烤盤中約 8 分滿，抹平（在抹平表面時要注意讓麵糊的高度儘量一致，使蛋糕在烤時可以平均受熱）。
8. 放入烤箱中以 180℃，烤約 15～20 分鐘，出爐，待冷卻即可。

6 黃金蛋糕基本製作法

詳細作法

- 基本配方：30cm x 40cm 一盤

A. 奶油 60g、低筋麵粉 50g
B. 全蛋 2 個、蛋黃 85g
C. 鮮乳 100g
D. 蛋白 200g、細砂糖 110g、塔塔粉 3g

TIPS：黃金蛋糕其實也算戚風蛋糕的一種，比較特別的是，在作法 1 的地方要先將奶油煮沸，再加入麵粉煮至糊化，所以它也叫燙麵蛋糕。

- 製作過程：

1. 先將材料 A 中的奶油加熱溶解至煮沸。
2 再將低筋麵粉過篩後加入，煮至糊化。
3. 材料 B 中的全蛋分 2～3 次加入拌勻。
4. 再將蛋黃也分 2～3 次加入拌勻，為蛋黃麵糊。
5. 另外將材料 D（蛋白、細砂糖、塔塔粉）先放入攪拌缸中打發。
6. 將材料 C（鮮乳）加熱煮沸後，倒入蛋黃麵糊中一起拌勻。
7. 持續將蛋白、細砂糖、塔塔粉打發至濕性發泡的蛋白霜。
8. 先取 1/3 蛋白霜加入蛋黃麵糊中拌勻後，再將剩餘 2/3 蛋白霜加入一起拌勻。
9. 將麵糊倒入鋪紙的烤盤中約 8 分滿，抹平（在抹平表面時要注意讓麵糊的高度儘量一致，使蛋糕在烤時可以平均受熱）。
10. 放入烤箱中以 170℃，隔水烤約 20～30 分鐘，出爐，待冷卻即可。

7 造型雙色蛋糕基本製作法

詳細作法

● 基本配方：30cm x 40cm 一盤（作法及成品與本書 P46 泰式軟糕雷同）

A. 鮮乳 100g、沙拉油 100g
B. 低筋麵粉 120g、泡打粉 3g
C. 蛋黃 130g
D. 蛋白 230g、細砂糖 130g、塔塔粉 3g
E. 草莓香精適量

● 製作過程：

1. 先將材料 A（鮮乳、沙拉油）一起放入攪拌缸內攪拌均勻。
2. 將材料 B（低筋麵粉、泡打粉）過篩後，一起放入攪拌缸內拌勻。
3. 將材料 C（蛋黃）加入攪拌至麵糊光滑。
4. 將材料 D 中的蛋白放入另一攪拌缸中先打至稍微起泡。
5. 再將細砂糖、塔塔粉加入，打至濕性發泡，為蛋白霜。
6. 先取 1/3 打發的蛋白霜拌入蛋黃麵糊中，略為輕輕拌勻。
7. 再將剩餘 2/3 的蛋白霜加入一起拌勻至麵糊呈光滑細緻。
8. 取 1/5 量的麵糊，加入草莓香精拌勻。
9. 先將草莓麵糊倒入鋪紙的烤盤中，抹平，放入烤箱中，以 170℃ 烤約 10～15 分鐘。
10. 出爐後，去除烤紙快速冷卻，再以造型壓模，壓出所需的圖形。
11. 將壓好的草莓蛋糕鋪於鋪紙的烤盤中，再將另外 4/5 的麵糊倒入，抹平。
12. 放入烤箱中以 180℃，烤約 15～20 分鐘，出爐，待冷卻即可。

TIPS：

1. 雙色蛋糕的蛋糕體就是戚風蛋糕，是在麵糊中加進了可可粉或各式香精，在外觀跟顏色上做變化，您也可選擇您喜愛的顏色或口味，烤出屬於您的個人雙色蛋糕！
2. 本配方所示範的是先烤出造型蛋糕後，再加入麵糊再烤的作法，可供參考。

8 變化雙色蛋糕基本製作法

詳細作法

- 基本配方：30cm x 40cm 一盤（作法及成品與本書 P48 楓糖奶酪雷同）
  A. 鮮乳 100g、沙拉油 100g
  B. 低筋麵粉 120g、泡打粉 3g
  C. 蛋黃 130g
  D. 蛋白 230g、細砂糖 130g、塔塔粉 3g
  E. 沙拉油 25g、可可粉 15g、蘇打粉 2g

- 製作過程：
  1. 先將材料 A（鮮乳、沙拉油）一起放入攪拌缸內攪拌均勻。
  2. 再將材料 B（低筋麵粉、泡打粉）過篩後，一起放入攪拌缸內拌勻。
  3. 將材料 C（蛋黃）加入攪拌至麵糊光滑。
  4. 將蛋白放入另一攪拌缸中先打至稍微起泡，再將細砂糖、塔塔粉加入，打至濕性發泡的蛋白霜。
  5. 先取 1/3 打發的蛋白霜拌入蛋黃麵糊中，略為輕輕拌勻。
  6. 再將剩餘 2/3 的蛋白霜加入一起拌勻至麵糊呈光滑細緻。
  7. 材料 E 中的沙拉油先加熱至 45℃ ～50℃左右，再將過篩後的可可粉、蘇打粉加入拌勻。
  8. 取 1/4 的白麵糊與可可糊拌勻，將可可麵糊裝入擠花袋中。
  9. 以平口花嘴，擠出不規則圖形於鋪紙的烤盤中，再將剩餘的白麵糊倒入，抹平。
  10. 放入烤箱中，以 180℃，烤約 15～20 分鐘，出爐，待冷卻即可。

TIPS：本配方所示範的是 2 種麵糊一起烤的作法，可供參考。

9 虎皮蛋糕基本製作法

詳細作法

- 基本配方：30cm x 40cm 一盤
  A. 蛋黃 300g、細砂糖 100g
  B. 玉米粉 50g

- 製作過程：
  1. 先將材料 A（蛋黃、細砂糖）一起打發。
  2. 再將材料 B（玉米粉）加入拌勻。
  3. 將麵糊倒入鋪紙的烤盤中，抹平（在抹平表面時要注意讓麵糊的高度儘量一致，使蛋糕在烤時可以平均受熱）。
  4. 放入烤箱中，以 200℃，烤約 8～10 分鐘，出爐，待冷卻即可。

TIPS：虎皮的紋路要烤的漂亮，溫度是關鍵，烤溫調高一點，就可以讓麵糊在快速收縮中，烤出漂亮的紋路。

一定超上手
捲蛋糕的技巧與操作

1 如何捲單層蛋糕

詳細作法

● 示範蛋糕：
愛心覆盆子 30cm x 40cm 一盤
（作法及成品與本書 P50 泰式軟糕雷同）
A. 沙拉油 155g、鮮乳 100g
B. 低筋麵粉 130g、泡打粉 2g
C. 蛋黃 150g
D. 蛋白 310g、細砂糖 155g、塔塔粉 3g

1. 待蛋糕體烤焙完成後，先去除烤焙紙，放至冷卻。
2. 底部先鋪一張烤焙紙，將蛋糕體翻面，烘烤面朝上，去除表面的皮。
3. 均勻抹上適量的內餡（打發鮮奶油或慕斯餡）。
4. 以桿麵棍（或圓形的長棍）隔著烤焙紙，將蛋糕與紙稍微對齊後，以桿麵棍拉起烤焙紙往前捲起（此時就可一邊捲一邊注意蛋糕有沒有捲好）。
5. 將捲好的蛋糕卷放至冰箱冷藏至定型，再取出，以喜愛的材料裝飾蛋糕卷表面即可。

Tips：
影片中的成品捲法與本頁成品（ p50 泰式軟糕）捲法相同，可供參考。

2 如何捲雙層蛋糕

詳細作法

示範蛋糕：
蔓越莓香草虎皮蛋糕卷
（蔓越莓香草蛋糕、虎皮蛋糕 30cm x 40cm 各一盤）
A. 沙拉油 155g、鮮乳 100g
B. 低筋麵粉 130g、泡打粉 2g
C. 蛋黃 150g
D. 蛋白 310g、細砂糖 155g、塔塔粉 3g

1. 將 2 種蛋糕體（香草蛋糕、虎皮蛋糕）分別烤焙完成後，趁熱先去除烤焙紙。
2. 蛋糕底部再墊上一張烤焙紙，放至冷卻。
3. 先將裡層蛋糕體（香草蛋糕）抹上適量的內餡（打發鮮奶油或慕斯餡）。
4. 以桿麵棍（或圓形的長棍）隔著烤焙紙，將蛋糕與紙稍微對齊後，以桿麵棍拉起烤焙紙往前捲起，放置 10～20 分鐘，待定型。
5. 將外層蛋糕（虎皮蛋糕）虎皮紋路朝下，抹上適量的內餡（打發鮮奶油）。
6. 再將定型的蛋糕卷放至於虎皮蛋糕邊（要注意 2 種蛋糕的接縫處要對齊），往前捲起，放置 10～20 分鐘，待定型即可。

TIPS：
這裡所示範的捲法，可以讓虎皮捲出較明顯且美麗的紋路，或者將虎皮與蛋糕體疊在一起捲起也可，捲的時候就要稍微注意力道，不可太用力，以免捲完後的虎皮紋路會不明顯。

影片中的成品捲法與本頁成品（p92 芙容蛋糕）捲法相同，可供參考。

PART1

清爽濕潤的 **戚風蛋糕**

1. 金莎巧克力
2. 雙色覆盆子
3. 伯爵紅茶戚風
4. 柳橙核桃蛋糕
5. 黃金乳酪毛巾卷
6. 芋泥卷
7. 高纖胚芽天使
8. 覆盆子巧克力
9. 香吉士卷
10. 藍莓天使
11. 黃金花生蛋糕
12. 香蕉千層派
13. 抹茶紅豆
14. 紅麴紫米蛋糕卷
15. 黑淋巧克力
16. 咖啡甜酒蛋糕卷
17. 草莓布丁卷
18. 香草奶凍卷
19. 泰式軟糕
20. 楓糖奶酪
21. 檸檬天使蛋糕卷
22. 濃茶瑞士卷
23. 楓糖雜糧蛋糕卷
24. 摩卡奶油杏仁蛋糕卷
25. 白巧克力芋泥
26. 蜜桃優格
27. 黃金起士蛋糕卷
28. 蘋果胚芽蛋糕卷
29. 酒釀蔓越莓
30. 抹茶檸檬鮮奶蛋糕卷
31. 巧克力優酪
32. 焦糖芝麻瑞士卷
33. 奧利岡櫻桃蛋糕卷
34. 草莓慕斯蛋糕卷
35. 養生黑芝麻蛋卷

PART1 01

金莎巧克力

● 蛋糕體：30 ㎝ x 40 ㎝一盤

A. 水 100g、可可粉 30g
B. 沙拉油 85g
C. 低筋麵粉 100g、蘇打粉 3g
D. 蛋黃 100g
E. 蛋白 190g、細砂糖 115g、塔塔粉 3g

● 巧克力奶油：

F. 無鹽奶油 300g、軟質巧克力 150g
G. 苦甜巧克力 200g、可可脂 200g
H. 薄餅脆片 300g

● 裝飾：杏仁角（烤熟）100g、巧克力淋醬適量（材料／作法請參照 p104 歐培拉）

● 蛋糕體作法：

1. 先將材料 A 加熱拌至溶解後，材料 B 加入一起拌勻。
2. 材料 C 過篩後，加入作法 1 中拌勻，再將材料 D 加入一起拌勻。
3. 材料 E 打至濕性發泡，加入作法 2 中拌勻。
4. 倒入舖紙的烤盤中抹平，以上火 200℃／下火 150℃，烤約 15 ～ 20 分鐘，出爐，待冷卻備用。

● 巧克力奶油作法：

1. 將材料 F 打發備用。
2. 材料 G 隔水加熱溶解後，加入材料 H 拌勻備用。

● 組合：

1. 巧克力蛋糕先抹上巧克力奶油作法 1，再抹上巧克力奶油作法 2 後，捲起。
2. 取適量巧克力淋醬，加入杏仁角拌勻，淋於蛋糕卷表面裝飾，待冷藏定型即可。

★ TIPS | 若無薄餅脆片，也可用脆笛酥或爆米花代替。

雙色覆盆子

● 蛋糕體：30 ㎝ ×40 ㎝一盤

A. 蛋白 230g、砂糖 130g、塔塔粉 5g
B. 水 100g、沙拉油 100g
C. 低筋麵粉 120g、泡打粉 3g、鹽 2g
D. 蛋黃 130g
E. 沙拉油 30g、可可粉 20g

● 覆盆子慕斯：

F. 覆盆子果泥 150g、砂糖 10g
G. 水 30g、吉利丁片 6g
H. 動物性鮮奶油 250g、覆盆子酒 10g

● 裝飾：

巧克力奶油霜適量、巧克力飾片適量、草莓（對半切）適量、藍莓適量

● 雙色蛋糕作法：

1. 先將材料 B 拌勻；材料 C 過篩後，加入一起拌勻。
2. 將材料 D 加入作法 1 中拌勻，材料 A 打至濕性發泡後，再加入一起拌勻。
3. 材料 E 加熱拌勻備用。
4. 將麵糊分成兩份，取一份與作法 3 拌勻，即為黑、白兩種麵糊。
5. 將黑、白麵糊分別裝入擠花袋中，以黑白相間方式擠斜線於鋪紙的烤盤上。
6. 以上火 190℃／下火 130℃，烤約 15 ～ 20 分鐘，出爐，待冷卻備用。

● 覆盆子慕斯作法：

1. 將材料 F 隔水加熱至溶解，待材料 G 泡軟後，加入材料 F 中拌至溶解。
2. 材料 H 打發後，加入作法 1 中拌勻，即為覆盆子慕斯。

● 組合：

1. 雙色蛋糕抹上適量覆盆子慕斯後，捲起，待冷藏定型，切片。
2. 在切片蛋糕表面擠上巧克力奶油霜，再以巧克力飾片、草莓、藍莓裝飾即可。

★ TIPS | 裝飾性用的水果或巧克力飾片，可依照各人喜好的材料或利用當令的水果加以調整變化。

PART1
03

伯爵紅茶戚風

● 蛋糕體：30 ㎝ x 40 ㎝一盤

A. 蛋白 200g、細砂糖 100g、塔塔粉 5g
B. 蛋黃 100g
C. 水 85g、伯爵茶粉 5g
D. 沙拉油 60g
E. 低筋麵粉 110g、鹽 2g、泡打粉 3g

● 奶茶慕斯：

F. 鮮乳 340g
G. 伯爵茶粉 20g
H. 蛋黃 80g、細砂糖 80g
I. 吉利丁片 3 片
J. 動物性鮮奶油 300g

● 裝飾：打發鮮奶油適量、馬卡龍適量、金桔片適量、藍莓適量

● 蛋糕體作法：

1. 先將材料 C 的水煮沸，伯爵茶粉加入燜約 5 分鐘，備用。
2. 將材料 A 打發後，材料 B 加入再打發。
3. 材料 C、D 一起拌勻後，再加入作法 2 中拌勻。
4. 材料 E 過篩後，加入作法 3 拌勻。
5. 將麵糊倒入鋪紙的烤盤中抹平，以上火 200℃／下火 120℃，烤約 15 ～ 20 分鐘，出爐，待冷卻備用。

● 奶茶慕斯作法：

1. 材料 F 先煮沸後，加入材料 G 拌勻，燜 10 分鐘。
2. 材料 H 拌勻打發後，倒入作法 1 中，回煮至呈稠狀。
3. 材料 I 泡水至軟化後，加入作法 2 中拌勻；待降溫。
4. 將材料 J 打發後，加入作法 3 中拌勻，即為奶茶慕斯。

● 組合：

1. 蛋糕抹上適量奶茶慕斯後，捲起，切片，待冷藏定型。
2. 在切片蛋糕卷表面擠上打發鮮奶油，再以馬卡龍、金桔片、藍莓裝飾即可。

★ TIPS | 裝飾性用的水果或巧克力飾片，可依照各人喜好的材料或利用當令的水果加以調整變化。

柳橙核桃蛋糕

● 蛋糕體：30 ㎝ x 40 ㎝一盤

A. 蛋白 210g、細砂糖 140g、塔塔粉 5g
B. 蛋黃 115g
C. 柳橙汁 40g、奶油 30g、柳橙皮 1 個
D. 低筋麵粉 120g、泡打粉 3g

● 柳橙核桃奶油餡：

E. 全蛋 110g
F. 砂糖 110g、水 35g
G. 奶油 200g
H. 桔子皮 100g、核桃（烤熟）100g、桔子酒 20g

● 裝飾：打發鮮奶油適量、白巧克力飾片適量、草莓適量、藍莓適量

● 蛋糕體作法：

1. 將材料 A 打至濕性發泡後，把材料 B 加入，一起打發。
2. 材料 C 加熱溶解後，加入作法 1 中拌勻。
3. 材料 D 過篩後，加入作法 2 拌勻。
4. 將麵糊倒入烤盤中抹平，以上火 200℃／下火 120℃，烤約 15 ～ 20 分鐘，出爐，待冷卻備用。

● 柳橙核桃奶油餡作法：

1. 先將材料 E 打發，材料 F 加熱至 108℃後；沖入材料 E 中，再打至冷卻。
2. 材料 G 打發後，加入作法 1 中拌勻。
3. 最後將材料 H 加入拌勻，即為柳橙核桃奶油餡。

● 組合：

1. 蛋糕抹上適量柳橙核桃奶油餡後，捲起，待冷藏定型。
2. 在蛋糕卷表面擠上打發鮮奶油，再以白巧克力飾片、草莓、藍莓裝飾即可。

★ TIPS｜裝飾性用的水果或巧克力飾片，可依照各人喜好的材料或利用當令的水果加以調整變化。

黃金乳酪毛巾卷

● 蛋糕體：30 ㎝ x 40 ㎝一盤

A. 蛋黃 110g、果糖 25g、沙拉油 50g、鮮乳 50g

B. 低筋麵粉 80g、黃金起士粉 25g、玉米粉 10g、泡打粉 2g

C. 蛋白 300g、砂糖 150g、塔塔粉 3g

● 起士餡：

D. 奶油起士 300g、砂糖 70g

E. 黃金起士粉 30g

F. 動物性鮮奶油 150g

● 裝飾：

打發鮮奶油適量、馬卡龍適量、巧克力飾片適量、草莓（切對半）適量、藍莓適量

● 蛋糕體作法：

1. 將材料 A 拌勻後，加熱至 70℃，待材料 B 過篩 2 次後，加入一起拌勻。
2. 材料 C 打發後，加入作法 1 中一起拌勻。
3. 將麵糊倒入鋪紙的烤盤中抹平，以上火 200℃／下火 120℃，烤約 15～20 分鐘，出爐，待冷卻備用。

● 起士餡作法：

1. 先將材料 D 打軟後；材料 E 加入拌勻。
2. 再將材料 F 打發後，加入做法 1 中拌勻，即為起士餡。

● 組合：

1. 蛋糕抹上適量起士餡後，捲起，再以打發鮮奶油利用平口鋸齒花嘴，在蛋糕卷表面擠出直線條，待冷藏定型。
2. 最後以馬卡龍、巧克力飾片、草莓、藍莓裝飾即可。

★ TIPS ｜ 裝飾性用的水果或巧克力飾片，可依照各人喜好的材料或利用當令的水果加以調整變化。

PART1
06

芋泥卷

● 蛋糕體：30 ㎝ x 40 ㎝一盤

A. 蛋白 210g、細砂糖 125g、
塔塔粉 3g
B. 水 90g、沙拉油 90g
C. 低筋麵粉 110g、玉米粉 22g、
泡打粉 3g、香草精 1g
D. 蛋黃 110g、芋泥醬香料適量

● 芋泥餡：

E. 新鮮芋頭 1000g
F. 糖粉 200g、奶粉 150g、
奶油 200g

● 裝飾：

打發鮮奶油適量、巧克力飾片適量

● 蛋糕體作法：

1. 先將材料 B 拌勻，材料 C 過篩後，加入一起拌勻。
2. 材料 D 加入作法 1 中拌勻，材料 A 打至濕性發泡後，再加入一起拌勻。
3. 將麵糊倒入鋪紙的烤盤中抹平，以上火 200℃／下火 130℃，烤約 15 ～ 20 分鐘，出爐，待冷卻備用。

芋泥餡作法：1. 先將材料 E 蒸熟，趁溫熱時壓碎拌勻。
2. 將材料 F 加入一起拌勻，即為芋泥餡。

● 組合：1. 蛋糕抹上適量芋泥餡後，捲起，待冷藏定型，切片。
2. 在切片蛋糕卷表面擠上奶油霜，再以巧克力飾片裝飾即可。

高纖胚芽天使

- 蛋糕體：30 ㎝ x 40 ㎝一盤

A. 蛋白 300g、砂糖 180g、塔塔粉 3g
B. 蛋白 85g、沙拉油 85g、鮮乳 135g
C. 低筋麵粉 150g、泡打粉 3、香草精 3g
D. 胚芽粉 60g

- 奶油核桃餡：

E. 蛋黃 450g
F. 細砂糖 130g、水 45g
G. 無鹽奶油 400g
H. 核桃（烤熟）250g

- 裝飾：

打發鮮奶油適量、巧克力飾片適量、櫻桃適量

- 蛋糕體作法：

1. 先將材料 B 拌勻，材料 C 過篩後，加入一起拌勻。
2. 材料 D 加入作法 1 中拌勻，材料 A 打至濕性發泡後，再加入一起拌勻。
3. 將麵糊倒入鋪紙的烤盤中抹平，以上火 200℃／下火 130℃，烤約 15 ～ 20 分鐘，出爐，待冷卻備用。

- 奶油核桃餡作法：

1. 先將材料 E 打發，待材料 F 煮至 108℃，沖入材料 E 中，再打至冷卻。
2. 材料 G 打發後，加入作法 1 中拌勻，再將材料 H 加入一起拌勻，即為奶油核桃餡。

- 組合：

1. 蛋糕抹上適量奶油核桃餡後，捲起，待冷藏定型。
2. 在蛋糕卷表面擠上打發鮮奶油，再以巧克力飾片、櫻桃裝飾即可。

覆盆子巧克力

● 巧克力蛋糕體：30 ㎝ x 40 ㎝一盤

A. 蛋白 210g、砂糖 120g、塔塔粉 3g
B. 水 110g、可可粉 25g
C. 沙拉油 90g
D. 低筋麵粉 110g、蘇打粉 3g
E. 蛋黃 110g

● 巧克力慕斯：

F. 蛋黃 5 個
G. 砂糖 110g、水 50g
H. 牛奶巧克力 120g
I. 吉利丁片 4 片
J. 動物性鮮奶油 350g、白蘭地酒 30g

● 夾餡：冷凍覆盆子適量

● 裝飾：打發鮮奶油適量、巧克力飾片適量、草莓（切片）適量、藍莓適量、防潮糖粉適量

● 巧克力蛋糕體作法：

1. 材料 B 中的水先煮沸後，加入可可粉拌勻，再加入材料 C 拌勻。
2. 材料 D 過篩後，加入作法 1 中拌勻；材料 E 再加入拌勻。
3. 材料 A 打至濕性發泡後，加入作法 2 中拌勻。
4. 將麵糊倒入鋪紙的烤盤中，抹平，以上火 200℃／下火 120℃，烤約 15 ～ 20 分鐘，出爐，待冷卻備用。

● 巧克力慕斯作法：

1. 先將材料 F 打發；材料 G 加熱至 108℃後，沖入材料 F 中打至冷卻。
2. 材料 H、I 分別隔水溶解後，加入作法 1 中拌勻，降溫。
3. 材料 J 打發後，加入作法 2 中拌勻，即為巧克力慕斯。

● 組合：

1. 巧克力蛋糕表面抹上適量的巧克力慕斯，再撒上冷凍覆盆子，捲起，待冷藏定型。
2. 在蛋糕卷表面淋上巧克力淋醬，再以巧克力飾片、草莓、藍莓裝飾，篩上糖粉即可。

★ TIPS | 裝飾性用的水果或巧克力飾片，可依照各人喜好的材料或利用當令的水果加以調整變化。

香吉士卷

● 蛋糕體：30 ㎝ x 40 ㎝一盤

A. 蛋白 200g、砂糖 125g、塔塔粉 5g
B. 柳橙汁 67g、柳橙粉 43g、沙拉油 67g
C. 低筋麵粉 117g、玉米粉 43g、泡打粉 3g
D. 蛋黃 100g
E. 桔子皮適量

● 香橙慕斯：

F. 蛋黃 60g、細砂糖 20g
G. 柳橙汁 60g
H. 白巧克力 180g
I. 吉利丁片 3 片
J. 動物性鮮奶油 340g、柳橙酒 20g
K 桔子片適量（組合時使用）

● 裝飾：打發鮮奶油適量、馬卡龍適量、草莓（切對半）適量、藍莓適量

● 蛋糕體作法：

1. 先將材料 E 平均舖於烤盤底部備用。
2. 將材料 B 一起拌勻，材料 C 過篩後，加入一起拌勻。
3. 材料 D 加入作法 2 中拌勻，材料 A 打至濕性發泡後，再加入一起拌勻。
4. 將麵糊倒入烤盤中抹平，以上火 200℃／下火 120℃，烤約 15 ～ 20 分鐘，出爐，待冷卻備用。

● 香橙慕斯作法：

1. 先將材料 F 拌勻；再將材料 G 加入，隔水加熱打發，至呈稠狀。
2. 將材料 H 加入作法 1 中，拌至溶解。
3. 材料 I 泡水軟化後，加入作法 2 中拌勻。
4. 材料 J 打發後，一起加入作法 3 中拌勻，即為香橙慕斯。

● 組合：

1. 蛋糕抹上適量慕斯餡，放上桔子片後，捲起，待冷藏定型，切片。
2. 在切片蛋糕卷表面擠上打發鮮奶油，再以馬卡龍、切半草莓、藍莓做裝飾即可。

★ TIPS｜裝飾性用的水果或巧克力飾片，可依照各人喜好的材料或利用當令的水果加以調整變化。

藍莓天使

● 蛋糕體：30 ㎝ x 40 ㎝一盤

A. 柳橙汁 62g、沙拉油 35g、藍莓餡 60g
B. 低筋麵粉 80g、玉米粉 8g
C. 蛋白 180g、細砂糖 80g、塔塔粉 5g

● 藍莓慕斯：

D. 鮮乳 250g、香草精 3g
E. 蛋黃 120g、低筋麵粉 15g、玉米粉 15g
F. 奶油 40g
G. 吉利丁片 2 片
H. 藍莓餡 250g
I. 動物性鮮奶油 200g

● 裝飾：打發鮮奶油適量、藍莓適量

● 蛋糕體作法：

1. 先將材料 A 拌勻，材料 B 過篩後，加入一起拌勻。
2. 材料 C 打至濕性發泡後，加入作法 1 中拌勻。
3. 倒入舖紙的烤盤中抹平，以上火 200℃／下火 120℃，烤約 10 ～ 12 分鐘，出爐，待冷卻備用。

● 藍莓慕斯作法：

1. 先將材料 E 拌勻，待材料 D 煮沸後，沖入材料 E 中拌勻，煮成稠狀。
2. 將材料 F 加入作法 1 中拌勻，材料 G 泡水至軟化後，加入一起拌勻，降溫。
3. 材料 H 加入作法 2 中拌勻後，再將材料 I 打發，加入一起拌勻，即為藍莓慕斯。

● 組合：

1. 藍莓蛋糕先抹上適量的藍莓慕斯後，捲起，待冷藏定型，切片。
2. 在切片蛋糕卷表面擠上打發鮮奶油，再以藍莓裝飾即可。

PART1
11

黃金花生蛋糕

● 蛋糕體：30 ㎝ x 40 ㎝一盤

A. 鮮乳 65g、奶油 35g
B. 低筋麵粉 13g、玉米粉 13g、泡打粉 3g
C. 全蛋 1 個、蛋黃 50g
D. 花生粉 65g
E. 蛋白 125g、細砂糖 65g、塔塔粉 3g

● 花生餡：

F. 動物性鮮奶油 350g
G. 花生醬 250g
H. 吉利丁片 2 片、蘭姆酒 20g

● 裝飾：

巧克力奶油霜適量、花生粉適量、巧克力飾片適量、杏仁果適量、藍莓適量

● 蛋糕體作法：

1. 先將材料 A 煮沸後，材料 B 過篩，加入一起拌勻。
2. 材料 C 分 3 次加入作法 1 中拌勻，再將材料 D 加入，一起拌勻。
3. 材料 E 打至濕性發泡後，加入作法 2 中拌勻。
4. 將麵糊倒入鋪紙的烤盤中抹平，以上火 200℃／下火 130℃，烤約 15 ～ 20 分鐘，出爐，待冷卻備用。

● 花生餡作法：

1. 先將材料 F 打發，材料 G 隔水加熱溶解後，加入材料 F 中拌勻。
2. 材料 H 的吉利丁片先泡水至軟化，再與蘭姆酒加入作法 1 中，隔水加熱拌勻至溶解，即為花生餡。

● 組合：

1. 花生蛋糕先抹上適量的花生餡後，捲起，待冷藏定型，切片。
2. 在切片蛋糕卷表面先篩上花生粉，擠上巧克力奶油霜，再以巧克力飾片、杏仁果、藍莓裝飾即可。

★ TIPS | 裝飾性用的水果或巧克力飾片，可依照各人喜好的材料或利用當令的水果加以調整變化。

PART1
12

香蕉千層派

● 蛋糕體：30 ㎝ x 40 ㎝一盤
A. 水 75g、沙拉油 75g
B. 低筋麵粉 90g、泡打粉 5g、鹽 1g
C. 蛋黃 110g
D. 蛋白 180g、細砂糖 60g、塔塔粉 3g

● 鬆餅：E. 高筋麵粉 70g、低筋麵粉 70g、水 95g、白油 20g
F. 片狀奶油 150g

● 奶油餡：G. 鮮乳 360g、香草精 5g、細砂糖 80g
H. 蛋黃 120g、低筋麵粉 15g、玉米粉 15g
I. 奶油 35g

● 裝飾：打發鮮奶油、純白巧克力（溶解）適量、香蕉（切片）適量

● 蛋糕體作法：
1. 先將材料 A 拌勻，材料 B 過篩後，加入一起拌勻。
2. 將材料 C 加入作法 1 中拌勻，材料 D 打至濕性發泡後，再加入一起拌勻。
3. 將麵糊倒入鋪紙的烤盤中抹平，以上火 150℃／下火 150℃，烤約 15～20 分鐘，出爐，待冷卻備用。

● 鬆餅作法：
1. 材料 E 拌勻成糰，鬆弛 30 分鐘。
2. 包入材料 F，以四折一次，每次鬆弛 60 分鐘，重複 4 次。
3. 最後捍成 0.3 ㎝厚，以上火 180℃／下火 180℃，烤約 20～30 分鐘，出爐，待冷卻備用。

● 奶油餡作法：
1. 先將材料 H 拌勻，待材料 G 煮沸後，沖入材料 H 中，再煮成稠狀。
2. 加入材料 I 拌勻，待冷卻，即為奶油餡。

● 組合：
1. 將鬆餅切成（寬 6 ㎝ x 長 40 ㎝）3 片，中間抹上奶油餡，放上切片香蕉，夾起備用。
2 蛋糕體抹上打發鮮奶油，放上作法 1 的鬆餅，捲起，表面淋上純白巧克力，待白巧克力冷卻凝固，冷藏定型，切片即可。

I love

抹茶紅豆

● 蛋糕體：30 ㎝ x 40 ㎝一盤

A. 水 80g、抹茶粉 9g
B. 沙拉油 50g
C. 低筋麵粉 50g、玉米粉 16g
D. 蛋黃 100g
E. 蜜紅豆 50g
F. 蛋白 150g、細砂糖 85g、塔塔粉 3g

● 紅豆奶油餡：

G. 蛋黃 3 個、鮮乳 125g
H. 市售紅豆餡 200g
I. 吉利丁片 5 片
J. 動物鮮奶油 250g

● 裝飾：打發鮮奶油適量、巧克力飾片適量、草莓適量、防潮糖粉適量

● 蛋糕體作法：

1. 先將材料 E 平均撒在舖紙的烤盤上備用。
2. 材料 A 加熱煮沸拌至溶解後，材料 B 加入一起拌勻。
3. 材料 C 過篩後，加入作法 2 中拌勻，再加入材料 D 一起拌勻。
4. 材料 F 打濕性發泡，加入作法 3 中拌勻後，將麵糊倒入作法 1 中抹平。
5. 以上火 200℃／下火 120℃，烤約 15 ～ 20 分鐘，出爐，待冷卻備用。

● 紅豆奶油餡作法：

1. 將材料 G 加熱煮至呈稠狀，材料 H 加入一起拌勻。
2. 材料 I 泡水至軟化後，加入作法 1 中拌至溶解。
3. 材料 J 打發後，加入作法 2 中拌勻，即為紅豆奶油餡。

● 組合：

1. 抹茶紅豆蛋糕先抹上適量的紅豆奶油餡後，捲起，待冷藏定型，切片。
2. 在切片蛋糕卷表面先篩上糖粉，擠上打發鮮奶油，再以巧克力飾片、草莓裝飾即可。

★ TIPS | 裝飾性用的水果或巧克力飾片，可依照各人喜好的材料或利用當令的水果加以調整變化。

紅麴紫米蛋糕卷

● 蛋糕體：30 ㎝ x 40 ㎝一盤

A. 水 80g、紅麴粉 80g
B. 沙拉油 60g
C. 低筋麵粉 60g
D. 蛋黃 100g、紫米（熟）50g
E. 蛋白 160g、細砂糖 80g、塔塔粉 3g

● 紫米鳳梨奶油餡：

F. 鮮乳 80g、細砂糖 45g、動物性鮮奶油 45g
G. 吉利丁片 3 片
H. 紫米（煮熟）50g
I. 動物性鮮奶油 140g、鳳梨片（切碎）50g

● 裝飾：打發鮮奶油適量、馬卡龍適量、草莓（對半切）適量、藍莓適量、罐頭切片鳳梨適量

● 蛋糕體作法：

1. 先將材料 A 加熱煮沸至溶解，材料 B 加入一起拌匀。
2. 材料 C 過篩後，加入作法 1 中拌匀，再將材料 D 加入一起拌匀。
3. 材料 E 打至濕性發泡後，加入作法 2 中拌匀。
4. 將麵糊倒入舖紙的烤盤中，以上火 200℃／下火 120℃，烤約 15～20 分鐘，出爐，待冷卻備用。

● 紫米鳳梨奶油餡作法：

1. 先將材料 F 加熱煮沸，待材料 G 泡水至軟化後，加入材料 F 中拌至溶解，待降溫。
2. 將材料 H 加入作法 1 中拌匀，材料 I 打發後，加入一起拌匀，即為紫米鳳梨奶油餡。

● 組合：

1. 紅麴紫米蛋糕先抹上適量的紫米鳳梨奶油餡後，捲起，待冷藏定型，切片。
2. 在切片蛋糕卷表面先擠上打發鮮奶油，再以馬卡龍、草莓、藍莓、罐頭切片鳳梨裝飾即可。

★ TIPS｜裝飾性用的水果或巧克力飾片，可依照各人喜好的材料或利用當令的水果加以調整變化。

PART1 15

黑淋巧克力

● 蛋糕體：30 ㎝ x 40 ㎝一盤

A. 水 90g、可可粉 25g
B. 沙拉油 75g
C. 低筋麵粉 90g、蘇打粉 3g
D. 蛋黃 90g
E. 蛋白 170g、細砂糖 95g、塔塔粉 3g

● 巧克力淋醬：

F. 水 75g、細砂糖 36g、麥芽 17g、動物性鮮奶油 75g
G. 苦甜巧克力 290g
H. 蘭姆酒 9g

● 夾餡：巧克力奶油霜適量

● 裝飾：打發鮮奶油適量、馬卡龍適量、巧克力飾片適量、白巧克力飾片適量、草莓適量、櫻桃適量、藍莓適量

● 蛋糕體作法：

1. 先將材料 A 加熱煮沸，拌至溶解後，材料 B 加入一起拌勻。
2. 材料 C 過篩後，加入作法 1 中拌勻，再將材料 D 加入一起拌勻。
3. 材料 E 打至濕性發泡，加入作法 2 中拌勻。
4. 將麵糊倒入舖紙的烤盤中，以上火 200℃／下火 130℃，烤約 15～20 分鐘，出爐，待冷卻備用。

● 巧克力淋醬作法：

1. 先將材料 F 加熱煮沸，把材料 G 切碎，再將材料 F 沖入材料 G 中拌至溶解。
2. 將材料 H 加入作法 1 拌勻，即為巧克力淋醬。（先裝一些作好的巧克力淋醬在三角形的袋子中備用）

● 組合：

1. 巧克力蛋糕抹上巧克力奶油霜，捲起，表面淋上巧克力淋醬。
2. 取三角形的袋子，在蛋糕上擠上格子線條，待冷藏定型，再以馬卡龍、巧克力飾片、白巧克力飾片、草莓、櫻桃、藍莓裝飾即可。

★ TIPS | 裝飾性用的水果或巧克力飾片，可依照各人喜好的材料或利用當令的水果加以調整變化。

PART1
16

咖啡甜酒蛋糕卷

● 蛋糕體：30 ㎝ x 40 ㎝一盤

A. 水 70g、咖啡粉 20g
B. 沙拉油 50g
C. 低筋麵粉 85g、泡打粉 3g、鹽 2g
D. 蛋黃 90g
E. 蛋白 160g、細砂糖 90g、塔塔粉 3g
F. 核桃適量

● 甜酒餡：

G. 鮮乳 300g、細砂糖 80g、香草精 3g
H. 蛋黃 120g、低筋麵粉 15g、玉米粉 15g
I. 吉利丁片 2 片
J. 卡嚕哇咖啡酒 30g、動物性鮮奶油 200g

● 裝飾：

巧克力奶油霜適量、巧克力飾片適量、白巧克力飾片適量、櫻桃適量

● 蛋糕體作法：

1. 先將材料 A 加熱煮沸後，材料 B 加入拌勻。
2. 材料 C 過篩後，加入作法 1 中拌勻，再加入材料 D 一起拌勻。
3. 材料 E 打至濕性發泡後，加入作法 2 中拌勻。
4. 將麵糊倒入舖紙的烤盤中，抹平表面，灑上適量材料 F，以上火 200℃／下火 130℃，烤約 15 ～ 20 分鐘，出爐，待冷卻備用。

● 甜酒餡作法：

1. 材料 H 中的粉類先過篩後，再一起拌勻。
2. 材料 G 加熱煮沸後，沖入作法 1 中拌勻，再回煮至呈稠狀。
3. 材料 I 泡水至軟化後，加入作法 2 中拌至溶解。
4. 材料 J 打發後，加入作法 3 中拌勻，即為甜酒餡。

● 組合：

1. 咖啡核桃蛋糕先抹上適量的甜酒餡後，捲起，待冷藏定型，切片。
2. 在切片蛋糕卷表面先擠上巧克力奶油霜，再以巧克力飾片、白巧克力飾片、櫻桃裝飾即可。

VISIONS

PART1
17

草莓布丁卷

● 蛋糕體：30 ㎝ x 40 ㎝一盤

A. 水 80g、沙拉油 65g
B. 低筋麵粉 80g、泡打粉 2g
C. 蛋黃 80g
D. 蛋白 147g、細砂糖 85g、塔塔粉 2g

● 布丁：

E. 鮮乳 630g、細砂糖 90g、奶油 90g
F. 市售布丁粉 50g、全蛋 3 個、蜂蜜 60g

● 夾餡：

打發動物鮮奶油適量、草莓適量

● 蛋糕體作法：

1. 先將材料 A 一起拌勻。
2. 材料 B 過篩後，加入作法 1 中拌勻，再將材料 C 加入一起拌勻。
3. 材料 D 打至濕性發泡後，加入作法 2 中拌勻。
4. 將麵糊倒入鋪紙的烤盤中，以上火 190℃／下火 130℃，烤約 15 ～ 20 分鐘，出爐，待冷卻備用。

● 布丁作法：1. 先將材料 E 一起拌勻，待材料 F 加熱煮沸後，沖入材料 E 中拌勻。
2. 再次加熱煮沸後，倒入模型內冷藏，待冷卻凝固，即為布丁。

● 組合：1. 蛋糕抹上適量的打發動物鮮奶油後，放上草莓及布丁，捲起，待冷藏定型，切片即可。

PART1 18

香草奶凍卷

蛋糕體：30 ㎝ x 40 ㎝一盤

A. 沙拉油 65g、鮮乳 42g
B. 低筋麵粉 55g、玉米粉 15g、泡打粉 2g
C. 蛋黃 65g
D. 蛋白 130g、細砂糖 65g、塔塔粉 3g

香草奶凍：

E. 細砂糖 20g、玉米粉 9g
F. 鮮乳 120g、動物性鮮奶油 120g、香草精 3g
G. 吉利丁片 1.5 片

夾餡：

H. 草莓適量、打發動物鮮奶油適量

蛋糕體作法：

1. 先將材料 A 拌勻，材料 B 過篩後，加入一起拌勻。
2. 材料 C 加入作法 1 中拌勻，材料 D 打至濕性發泡後，再加入一起拌勻。
3. 將麵糊倒入舖紙烤盤抹平，以上火 180℃／下火 130℃，烤約 15 ～ 20 分鐘，出爐，待冷卻備用。

香草奶凍作法：

1. 先將材料 E 拌勻，待材料 F 煮沸後，沖入材料 E 中，再煮沸。
2. 材料 G 泡水軟化後，加入作法 1 中拌至溶解，倒入模型內冷藏，待凝固，即為香草奶凍。

組合：

1. 蛋糕先抹上適量的打發動物鮮奶油，再放上適量草莓及奶凍，捲起，待冷藏定型即可。

PART1 19

泰式軟糕

蛋糕體：30 ㎝ x 40 ㎝一盤

A. 水 75g、沙拉油 75g
B. 低筋麵粉 190g、泡打粉 2g、鹽 1g
C. 蛋黃 110g
D. 蛋白 200g、細砂糖 90g、塔塔粉 3g
E. 草莓醬香料少許

雙色軟糕：

F. 動物性鮮奶油 100g、鮮乳 75g、椰漿 100g
G. 細砂糖 15g、卡士達粉 10g
H. 吉利丁片 1.5 片
I. 動物性鮮奶油 100g、鮮乳 175g
J. 細砂糖 15g、卡士達粉 10g
K. 吉利丁片 1.5 片、草莓醬香料少許
L. 椰子粉適量

夾餡：打發鮮奶油適量

蛋糕體作法：

1. 先將材料 A 拌勻，材料 B 過篩後，加入一起拌勻。
2. 將材料 C 加入作法 1 中拌勻後，把材料 D 打發，加入一起拌勻。
3. 取少量作法 2 的麵糊拌入草莓醬香料拌勻，以上火 200℃／下火 120℃，烤約 15 ～ 20 分鐘，出爐，待冷卻備用。
4. 出爐的草莓蛋糕先以造型模具作出造型圖案（視個人喜好之圖形），放入鋪紙的烤盤中排好，再將剩餘的白麵糊倒入抹平。
5. 以上火 200℃／下火 120℃，烤約 15 ～ 20 分鐘，出爐，待冷卻備用。

雙色軟糕作法：

1. 先將材料 F 煮沸後，材料 G 加入一起拌勻。
2. 材料 H 泡水至軟化後，加入拌勻，即倒入模型中，放入冷藏定型，備用。
3. 將材料 I 煮沸後，材料 J 加入一起拌勻。
4. 材料 K 中的吉利丁片先泡水至軟化後，再和草莓醬香料加入作法 3 中拌勻。
5. 將作好的作法 4 倒入已經定型的作法 2 中，再放入冷藏定型成雙色。
6. 取出，沾上椰子粉，即成雙色軟糕。

組合：

1. 蛋糕先抹上適量的打發鮮奶油，再放上雙色軟糕，捲起，待冷藏定型即可。

PART1 20

楓糖奶酪

● 蛋糕體：30 ㎝ x 40 ㎝一盤

A. 水 80g、沙拉油 80g
B. 低筋麵粉 95g、泡打粉 3g、鹽 1g
C. 蛋黃 105g
D. 蛋白 85g、細砂糖 100g、塔塔粉 2g
E. 沙拉油 25g、可可粉 15g

● 起士奶酪：

F. 動物性鮮奶油 200g、奶油起士 100g
G. 吉利丁片 1g
H. 砂糖 25g、香草精 2g

● 楓糖果凍：楓糖漿 70g、水 190g、果凍粉 4g、砂糖 3g、白蘭地 5g

● 夾餡：打發鮮奶油適量

● 蛋糕體作法：

1. 先將材料 A 拌勻，材料 B 過篩後，加入一起拌勻。
2. 材料 C 加入作法 1 中拌勻，材料 D 打至濕性發泡，加入一起拌勻。
3. 將材料 E 加熱拌至溶解後，先取 1/2 作法 2 的麵糊一起拌勻成黑麵糊，裝入擠花袋中，擠圖形（視各人喜愛的圖形）於鋪紙的烤盤上。
4. 將剩餘 1/2 的白麵糊再倒入作法 3 的烤盤中抹平，以上火 200℃／下火 120℃，烤約 15 ～ 20 分鐘，出爐，待冷卻備用。

● 起士奶酪 / 楓糖果凍作法：

1. 將材料 F 隔水加熱至溶解後，材料 G 泡水至軟化，加入材料 F 拌溶解。
2. 材料 H 加入作法 1 中拌勻至砂糖溶解後，倒入模型，待凝固。
3. 材料 I 拌勻加熱煮沸後，降溫約至 40℃後，放入冷藏，取出，即為起士奶酪 / 楓糖果凍。

● 組合：

1. 蛋糕先抹上適量的打發鮮奶油，再放上起士奶酪 / 楓糖果凍，捲起，待冷藏定型即可。

APOCALYPSE

PART1
21

檸檬天使蛋糕卷

● 蛋糕體：30 ㎝ x 40 ㎝一盤

A. 蛋白 85g、沙拉油 85g、鮮乳 100g、檸檬汁 1 個的量、檸檬皮 1 個的量、市售檸檬餡 80g
B. 低筋麵粉 160g、泡打粉 3g、香草精 3g
C. 蛋白 300g、細砂糖 180g、塔塔粉 3g

● 檸檬奶油慕斯餡：

D. 蛋黃 150g、低筋麵粉 15g
E. 奶油 40g、鮮乳 300g、細砂糖 50g
F. 吉利丁片 2 片
G. 檸檬汁 1 個的量、檸檬皮 1 個的量
H. 動物性鮮奶油 100g

● 裝飾：打發鮮奶油適量、巧克力飾片適量、白巧克力飾片適量、草莓適量、藍莓適量、櫻桃適量、奇異果片適量

● 蛋糕體作法：

1. 先將材料 A 拌勻，加熱約至 60℃，材料 B 過篩後，加入一起拌勻。
2. 材料 C 打至濕性發泡，加入作法 1 中拌勻。
3. 將麵糊倒入舖紙的烤盤中抹平，以上火 190℃／下火 110℃，烤約 10～15 分鐘，出爐，待冷卻備用。

● 檸檬奶油慕斯餡作法：

1. 先將材料 D 中的粉類過篩，再將蛋黃加入拌勻。
2. 材料 E 加熱煮沸後，沖入作法 1 中拌勻，再回煮至濃稠狀。
3. 材料 F 泡水至軟化後，加入作法 2 中拌勻至溶解，待降溫後，再將材料 G 加入一起拌勻。
4. 最後將材料 H 打發後，加入作法 3 中拌勻，即為檸檬奶油慕斯餡。

● 組合：

1. 天使蛋糕抹上適量的檸檬奶油慕斯餡後，捲起，待冷藏定型。
2. 在蛋糕表面先擠上適量的打發鮮奶油後，再以巧克力飾片、白巧克力飾片、草莓、藍莓、櫻桃、奇異果片作裝飾即可。

★ TIPS | 裝飾性用的水果或巧克力飾片，可依照各人喜好的材料或利用當令的水果加以調整變化。

濃茶瑞士卷

● 蛋糕體：30 ㎝ x 40 ㎝一盤

A. 鮮乳 90g、沙拉油 90g、香草精 3g
B. 低筋麵粉 110g、玉米粉 20g、泡打粉 3g
C. 蛋黃 105g
D. 蛋白 220g、細砂糖 125g、塔塔粉 3g
E. 綠茶粉 10g、水 20g

● 抹茶慕斯餡：

F. 蛋黃 4 個、細砂糖 50g
G. 鮮乳 100g
H. 綠茶粉 30g
I. 吉利丁片 4 片
J. 動物性鮮奶油 300g、白蘭地 30g

● 裝飾：

打發鮮奶油適量、巧克力飾片適量、草莓適量、金桔片適量、糖粉適量

● 蛋糕體作法：

1. 先將材料 A 拌勻，材料 B 過篩後，加入一起拌勻。
2. 材料 C 加入作法 1 中拌勻，待材料 D 打濕性發泡後，加入一起拌勻。
3. 先取 1/5 作法 2 的麵糊和材料 E 一起稍攪拌成綠茶麵糊。
4. 將麵糊倒入舖紙的烤盤中抹平，以上火 200℃／下火 120℃，烤約 20～25 分鐘，出爐，待冷卻備用。

● 抹茶慕斯餡作法：

1. 先將材料 F 打發，把材料 G 加熱煮沸後，沖入材料 F 中，再回煮至 82℃。
2. 材料 H 加入作法 1 中拌勻至溶解。
3. 材料 I 泡水軟化後，加入作法 2 中拌至溶解，再過濾，待降溫。
4. 材料 J 打發後，加入作法 3 中拌勻，即為抹茶慕斯餡。

● 組合：

1. 蛋糕先抹上適量的抹茶慕斯餡後，捲起，待冷藏定型，切片。
2. 在切片蛋糕卷表面先擠上打發鮮奶油，再以巧克力飾片、草莓、金桔片裝飾，最後篩上些許糖粉即可。

★ TIPS｜裝飾性用的水果或巧克力飾片，可依照各人喜好的材料或利用當令的水果加以調整變化。

PART1
23

楓糖雜糧蛋糕卷

● 蛋糕體：30 ㎝ x 40 ㎝一盤

A. 沙拉油 65g、鮮乳 65g、雜糧粉 20g
B. 低筋麵粉 80g、泡打粉 2g
C. 蛋黃 110g
D. 蛋白 210g、細砂糖 85g、塔塔粉 2g
E. 杏仁角適量

● 楓糖核桃奶油霜：

F. 奶油 250g、白油 50g、楓糖漿 150g、核桃（烤熟）150g、杏仁角 50g

● 裝飾：

打發鮮奶油適量、馬卡龍適量、白巧克力飾片適量、草莓適量、藍莓適量

● 蛋糕體作法：

1. 先將材料 A 拌勻，材料 B 過篩後，加入一起拌勻。
2. 材料 C 加入作法 1 中拌勻，材料 D 打發後，加入一起拌勻。
3. 將麵糊倒入舖紙的烤盤中，抹平，表面撒上杏仁角。
4. 以上火 200℃／下火 120℃，烤約 15 ～ 20 分鐘，出爐，待冷卻備用。

● 楓糖核桃奶油霜：1. 將材料 F 一起拌勻打發後，即為楓糖核桃奶油霜。

● 組合：

1. 雜糧蛋糕先抹上適量的楓糖核桃奶油霜後，捲起，待冷藏定型，切片。
2. 在切片蛋糕卷表面先擠上打發鮮奶油，再以馬卡龍、白巧克力飾片、草莓、藍莓裝飾即可。

★ TIPS

裝飾性用的水果或巧克力飾片，可依照各人喜好的材料或利用當令的水果加以調整變化。

PART1 24

摩卡奶油杏仁蛋糕卷

蛋糕體：30 ㎝ x 40 ㎝一盤

A. 鮮乳 60g、沙拉油 60g
B. 低筋麵粉 93g、泡打粉 5g、鹽 1g
C. 蛋黃 95g、摩卡醬 15g
D. 蛋白 175g、細砂糖 90g、塔塔粉 4g

摩卡奶油霜：

E. 奶油霜 150g、咖啡軟質巧克力 150g
F. 杏仁粒（烤熟切碎）150g

裝飾：

打發鮮奶油適量、巧克力飾片適量、杏仁粒適量

蛋糕體作法：

1. 先將材料 A 拌勻，材料 B 過篩後，加入一起拌勻。
2. 材料 C 加入作法 1 中拌勻，待材料 D 打至濕性發泡後，再加入一起拌勻。
3. 將麵糊倒入舖紙的烤盤中，以上火 200℃／下火 120℃，烤約 15 ～ 20 分鐘，出爐，待冷卻備用。

摩卡奶油霜作法：

1. 先將材料 E 一起拌勻後，打發，再將材料 F 加入一起拌勻，即為摩卡奶油霜。

組合：

1. 摩卡蛋糕抹上適量的摩卡奶油霜後，捲起，待冷藏定型。
2. 在蛋糕表面先擠上適量的打發鮮奶油後，再以巧克力飾片、杏仁果裝飾即可。

PART1
25

白巧克力芋泥

蛋糕體：30 ㎝ x 40 ㎝一盤

A. 鮮乳 62g、沙拉油 62g、香草精 3g
B. 低筋麵粉 75g、玉米粉 15g、泡打粉 2g
C. 蛋黃 75g
D. 蛋白 150g、細砂糖 85g、塔塔粉 3g

白巧克力芋泥慕斯：

E. 白巧克力 70g、動物性鮮奶油 95g
F. 市售芋泥餡 140g
G. 吉利丁片 5 片
H. 動物性鮮奶油 100g、白蘭地 15g

裝飾：

打發鮮奶油適量、巧克力飾片適量、白巧克力飾片適量、草莓（切片）適量、金桔片適量、藍莓適量、奇異果切片適量

蛋糕體作法：

1. 先將材料 A 拌勻，材料 B 過篩後，加入一起拌勻。
2. 材料 C 加入作法 1 中拌勻，材料 D 打至濕性發泡後，再加入一起拌勻。
3. 將麵糊倒入鋪紙的烤盤中抹平，以上火 200℃／下火 120℃，烤約 15～20 分鐘，出爐，待冷卻備用。

白巧克力芋泥慕斯作法：

1. 先將材料 E 隔水加熱溶解後，材料 F 加入一起拌勻。
2. 材料 G 泡水至軟化後，加入作法 1 中拌勻。
3. 再把材料 H 打發後，加入作法 2 中拌勻，即為白巧克力芋泥慕斯。

組合：

1. 蛋糕先抹上適量的白巧克力芋泥慕斯後，捲起，待冷藏定型。
2. 在蛋糕卷表面先擠上奶油霜，再以巧克力飾片、白巧克力飾片、草莓、金桔片、藍莓、奇異果切片裝飾即可。

★ TIPS｜裝飾性用的水果或巧克力飾片，可依照各人喜好的材料或利用當令的水果加以調整變化。

PART1 26

蜜桃優格

● 蛋糕體：30 ㎝ x 40 ㎝一盤

A. 鮮乳 90g、沙拉油 90g
B. 低筋麵粉 110g、玉米粉 22g、泡打粉 3g、香草精 1g
C. 蛋黃 110g
D. 蛋白 210g、細砂糖 125g、塔塔粉 3g
E. 草莓醬香料適量、芒果醬香料適量

● 優格慕斯：

F. 細砂糖 50g、蛋黃 2 個
G. 鮮奶 150g
H. 吉利丁片 10g
I. 原味優格 120g、動物鮮奶油 200g
J. 檸檬汁 20g、蜂蜜 30g、罐頭水蜜桃（切丁）適量

● 裝飾：打發鮮奶油、白巧克力飾片適量、草莓適量、櫻桃適量、藍莓適量、罐頭水蜜桃片適量

● 蛋糕體作法：

1. 先將材料 A 拌勻，材料 B 過篩後，加入一拌勻。
2. 材料 C 加入作把中拌勻，待材料 D 打至濕性發泡後，再加入一起拌勻。
3. 將麵糊平均分為三等份，取其中二份麵糊各別拌入草莓醬香料，及芒果醬香料。
4. 將三份麵糊各別裝入擠花袋中，以平口花嘴擠直線條，依序擠入舖紙的烤盤中。
5. 以上火 200℃／下火 120℃，烤約 15 ～ 20 分鐘，出爐，待冷卻備用。

● 香橙慕斯作法：

1. 先將材料 F 打發至細砂糖溶解，材料 G 煮沸後，加入材料 F 中，回煮至 82℃。
2. 材料 H 泡水至軟化後，加入作法 1 中拌至溶解。
3. 將材料 I 打發後，加入作法 2 中拌勻。
4. 最後將材料 J 加入作法 3 中拌勻，即為優格慕斯。

● 組合：1. 三色蛋糕先抹上適量的優格慕斯後，捲起，待冷藏定型。
2. 在蛋糕卷表面先擠上打發鮮奶油，再以白巧克力飾片、草莓、櫻桃、藍莓、罐頭水蜜桃片裝飾即可。

★ TIPS | 裝飾性用的水果或巧克力飾片，可依照各人喜好的材料或利用當令的水果加以調整變化。

PART1 27

黃金起士蛋糕卷

● 蛋糕體：30 ㎝ x 40 ㎝一盤

A. 奶油 60g
B. 低筋麵粉 50g、玉米粉 20g
C. 全蛋 2 個
D. 蛋黃 85g
E. 奶油起士 35g
F. 蛋白 175g、細砂糖 110g、塔塔粉 3g

● 黃金起士布丁餡：

G 卡士達粉 150g、鮮乳 400g、黃金起士粉 30g

● 起士奶油布丁餡：

H. 卡士達粉 75g、奶粉 50g、鮮乳 200g
I. 瑪斯卡邦起士 100g
J. 動物性鮮奶油 100g

● 蛋糕體作法：

1. 先將材料 G 一起拌勻，為黃金起士布丁餡，裝入擠花袋中備用。
2. 將材料 A 加熱煮沸，材料 B 過篩後，加入一起拌勻。
3. 材料 C、D 分 3 次加入作法 2 中拌勻，材料 E 隔水加熱溶解至 80℃，再加入拌勻。
4. 材料 F 打至濕性發泡後，加入作法 3 中一起拌勻。
5. 將麵糊倒入鋪紙的烤盤，抹平表面後，再以黃金起士布丁餡擠格子狀於麵糊表面。
6. 以上火 200℃／下火 140℃，烤約 15 ～ 20 分鐘，出爐後，倒扣，除去蛋糕表皮。

● 裝飾：打發鮮奶油適量、白巧克力飾片適量、金桔（一切為四）適量、草莓（對半切）適量、防潮糖粉

● 起士奶油布丁餡作法：

1. 先將材料 H 拌勻，再加入材料 I 一起拌勻。
2. 將材料 J 打發後，加入作法 1 中拌勻，即為起士奶油布丁餡。
4. 材料 J 打發後，一起加入作法 3 中拌勻，即為香橙慕斯。

● 組合：

1. 黃金起士蛋糕先抹上適量的起士奶油布丁餡後，捲起，待冷藏定型，切片。
2. 在切片蛋糕卷表面先篩上防潮糖粉，擠上打發鮮奶油後，再以白巧克力飾片、金桔、草莓裝飾即可。

★ TIPS｜裝飾性用的水果或巧克力飾片，可依照各人喜好的材料或利用當令的水果加以調整變化。

PART1
28

蘋果胚芽蛋糕卷

● 蛋糕體：30 ㎝ x 40 ㎝一盤

A. 蛋黃 120g、沙拉油 60g、鮮乳 60g、胚芽粉（烤熟）70g
B. 低筋麵粉 70g、泡打粉 3g
C. 蛋白 220g、細砂糖 70g、塔塔粉 5g

● 蘋果奶油餡：

D. 奶油 20g、細砂糖 20g
E. 新鮮蘋果 2 個
F. 檸檬汁 20g、白蘭地 20g
G. 打發動物性鮮奶油 300g

● 裝飾：打發鮮奶油適量、馬卡龍適量、巧克力飾片適量、白巧克力飾片適量、草莓 2 顆、金桔片 1 片、藍莓 1 顆

● 蛋糕體作法：

1. 將材料 A 拌勻，材料 B 過篩後，加入一起拌勻。
2. 材料 C 打至濕性發泡後，加入作法 1 中一起拌勻。
3. 將麵糊倒入舖紙的烤盤中，抹平，以上火 200℃／下火 120℃，烤約 15 ～ 20 分鐘，出爐，待冷卻備用。

● 蘋果奶油餡作法：

1. 先將材料 E 去皮、去籽後；切丁。
2. 將材料 D 加入作法 1 中，拌炒至呈褐色，熄火，再將材料 F 加入拌勻，待冷卻。
3. 材料 G 和作法 2 一起拌勻，即為蘋果奶油餡。

● 組合：

1. 胚芽蛋糕先抹上適量的蘋果奶油餡後，捲起，待冷藏定型。
2. 在蛋糕卷表面先擠上打發鮮奶油後，再以馬卡龍、巧克力飾片、白巧克力飾片、草莓、金桔片、藍莓即可。

★ TIPS｜裝飾性用的水果或巧克力飾片，可依照各人喜好的材料或利用當令的水果加以調整變化。

PART1
29

酒釀蔓越莓

● 蛋糕體：60 ㎝ x 40 ㎝一盤

A. 蔓越莓 100g、白蘭地 50g
B. 蛋黃 100g、沙拉油 85g、鮮乳 135g
C. 低筋麵粉 150g、泡打粉 3g、
香草精 3g
D. 蛋白 300g、砂糖 180g、塔塔粉 3g

● 卡士達奶油：

E. 格斯粉 40g、鮮乳 100g
F. 動物性鮮奶油 120g、白蘭地 30g

● 裝飾：

打發鮮奶油適量、白巧克力飾片適量、草莓適量、藍莓適量

● 蛋糕體作法：

1. 材料 A 的蔓越莓浸泡白蘭地酒 2 天後，平均撒在舖紙的烤盤中備用。
2. 材料 B 拌勻，材料 C 過篩後，加入一拌勻。
3. 材料 D 打至濕性發泡後，加入作法 2 中拌勻。
4. 將麵糊倒入作法 1 的烤盤中抹平，以上火 200℃／下火 130℃，烤約 15 ～ 20 分鐘，出爐，待冷卻備用。

● 芋泥餡作法：1. 先將材料 E 拌勻，靜置 5 ～ 10 分鐘。
2. 再材料 F 打發，加入作法 1 中拌勻，即為卡士達奶油餡。

● 組合：1. 蔓越莓蛋糕先抹上適量的卡士達奶油餡後，捲起，待冷藏定型，切片。
2. 在切片蛋糕卷表面先擠上打發鮮奶油，再以白巧克力飾片、草莓、藍莓即可。

PART1 30

抹茶檸檬鮮奶蛋糕卷

蛋糕體：30 ㎝ x 40 ㎝一盤

A. 卡士達粉 150g、抹茶粉 30g、鮮乳 400g
B. 沙拉油 65g、檸檬汁 1 個的量、檸檬皮 1 個的量
C. 鹽 1 個、低筋麵粉 165g、泡打粉 2g
D. 蛋黃 85g
E. 蛋白 210g、細砂糖 100g、塔塔粉 3g
F. 椰子粉適量

抹茶鮮奶油：

G. 動物鮮奶油 300g、細砂糖 50g、抹茶粉 15g

夾餡

H. 蜜花豆適量

蛋糕體作法：

1. 先將材料 A 一起拌勻，備用。
2. 材料 B 拌勻，材料 C 過篩後，加入一起拌勻。
3. 將材料 D 加入作法 2 中拌勻，材料 E 打至濕性發泡後，再加入一起拌勻。
4. 將麵糊倒入舖紙的烤盤中抹平，再將作法 1 以斜線間隔擠在麵糊表面，表面再撒上適量的椰子粉。
5. 以上火 200℃／下火 120℃，烤約 15 ～ 20 分鐘，出爐，待冷卻備用。

抹茶鮮奶油作法：

1. 將材料 G 拌勻，一起打發後，即為抹茶鮮奶油。

組合：

1. 雙色蛋糕先抹上適量的抹茶鮮奶油後，再撒上適量的蜜花豆，捲起，待冷藏定型，切片即可。

PART1 31

巧克力優酪

蛋糕體：30 ㎝ x 40 ㎝一盤

A. 水 75g、可可粉 20g、沙拉油 75g
B. 低筋麵粉 90g、泡打粉 3g、鹽 1g
C. 蛋黃 100g
D. 蛋白 160g、細砂糖 95g、塔塔粉 3g
E. 沙拉油 30g、可可粉 20g

優格慕斯：

F. 鮮乳 200g、起士 100g
G. 細砂糖 50g、蛋黃 2 個
H. 吉利丁片 5 片
I. 檸檬汁 20g、原味優格 100g、動物性鮮奶油 200g

蛋糕體作法：

1. 將材料 A 加熱煮沸後拌至溶解，材料 B 過篩，加入一起拌勻。
2. 材料 C 加入作法 1 中拌勻。
3. 材料 D 打至濕性發泡，加入作法 2 中一起拌勻後，預留 20g 的麵糊。
4. 將麵糊倒入舖紙的烤盤中抹平。
5. 材料 E 加熱拌至溶解後，加入預留的麵糊中拌勻，裝入擠花袋中，擠在抹平的麵糊表面，劃出花紋。
6. 以上火 200℃／下火 130℃，烤約 15 ～ 20 分鐘，出爐，待冷卻備用。

優格慕斯作法：

1. 將材料 F 隔水加熱至起士溶解。
2. 材料 G 加入作法 1 中拌勻，材料 H 泡水至軟化後，再加入拌勻至溶解。
3. 最後將材料 I 打發後，加入作法 2 中拌勻，即為優格慕斯。

組合：

1. 巧克力蛋糕先抹上適量的優格慕斯後，捲起，待冷藏定型即可。

PART1 32

焦糖芝麻瑞士卷

● 蛋糕體：30 ㎝ x 40 ㎝一盤

A. 水 80g、抹茶粉 9g

B. 沙拉油 50g

C. 低筋麵粉 50g、玉米粉 16g

D. 蛋黃 100g

E. 蛋白 150g、細砂糖 85g、塔塔粉 3g

● 焦糖芝麻：

F. 蜂蜜 10g、細砂糖 60g

G. 白芝麻（烤熟）100g

H. 奶油 10g

● 夾餡：打發動物性鮮奶油 300g

● 裝飾：打發鮮奶油適量、馬卡龍適量、巧克力飾片適量、白巧克力飾片適量、櫻桃適量

● 蛋糕體作法：

1. 先將材料 A 加熱拌勻，再將材料 B 加入一起拌勻。
2. 材料 C 過篩，加入作法 1 中拌勻後，再加入材料 D 一起拌勻。
3. 材料 E 打至濕性發泡後，加入作法 2 中拌勻。
4. 將麵糊倒入鋪紙的烤盤中抹平，以上火 200℃／下火 120℃，烤約 15 ～ 20 分鐘，出爐，待冷卻備用。

● 焦糖芝麻餡作法：

1. 先將材料 F 以中火加熱至焦化，再把材料 H 加入，拌至溶解。
2. 把材料 G 加入作法 1 中拌勻後，倒入矽膠墊上壓平，待冷卻後，壓碎，即為焦糖芝麻。

● 組合：

1. 將蛋糕體底部朝上，先抹上打發動物性鮮奶油，並撒上焦糖芝麻後捲起，待冷藏定型。
2. 蛋糕卷表面先擠上打發鮮奶油，再以馬卡龍、巧克力飾片、白巧克力飾片、櫻桃裝飾即可。

PART1 33

奧利岡櫻桃蛋糕卷

● 蛋糕體：30 ㎝ x 40 ㎝一盤

A. 鮮乳 90g、沙拉油 90g、奧利岡葉 4g
B. 低筋麵粉 120g、泡打粉 3g
C. 香草精 1g、蛋黃 110g
D. 蛋白 210g、細砂糖 125g、塔塔粉 3g

● 櫻桃慕斯餡：

E. 鮮乳 172g、櫻桃果泥 172g
F. 蛋黃 130g、細砂糖 26g
G. 吉利丁片 10 片
H. 打發動物性鮮奶油 300g

● 裝飾：打發鮮奶油適量、巧克力飾片適量、藍莓適量、櫻桃適量

● 蛋糕體作法：

1. 先將材料 A 拌勻，材料 B 過篩後，加入一起拌勻。
2. 材料 C 加入作法 1 中拌勻，待材料 D 打至濕性發泡後，再加入一起拌勻。
3. 將麵糊倒入舖紙的烤盤中，以上火 200℃／下火 120℃，烤約 15～20 分鐘，出爐，待冷卻備用。

● 櫻桃慕斯餡作法：

1. 先將材料 E 加熱煮沸，材料 F 打發後，將材料 E 沖入材料 F 中打至冷卻。
2. 材料 G 泡水至軟化後，加入作法 1 中隔水加熱拌勻至溶解。
3. 最後將材料 H 加入作法 2 中拌勻，即為櫻桃慕斯餡。

● 組合：

1. 奧利岡蛋糕先抹上適量的櫻桃慕斯餡後，捲起，待冷藏定型，切片。
2. 在切片蛋糕卷表面先擠上打發鮮奶油後，再以巧克力飾片、藍莓、櫻桃裝飾即可。

PART1
34

草莓慕斯蛋糕卷

● 蛋糕體：30 cm x 40 cm一盤

A. 鮮乳 80g、沙拉油 80g、
草莓醬香料 3g

B. 低筋麵粉 100g、玉米粉 20g、
泡打粉 2g

C. 蛋黃 100g

D. 細砂糖 115g、塔塔粉 3g、
蛋白 200g

● 草莓慕斯：

E. 草莓果泥 200g、蛋黃 50g、細砂糖 55g

F. 吉利丁 8g

G. 打發動物性鮮奶油 300g

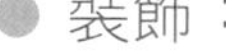

● 裝飾：

打發鮮奶油適量、白巧克力飾片適量、
草莓（對半切）適量、草莓馬卡龍適量

● 蛋糕體作法：

1. 先將材料 A 拌勻，材料 B 過篩後，加入一起拌勻。
2. 材料 C 加入作法 1 中拌勻，材料 D 打至濕性發泡後，再加入一起拌勻。
3. 將麵糊倒入舖紙的烤盤中，以上火 200℃／下火 120℃，烤約 15 ～ 20 分鐘，出爐，待冷卻備用。

● 草莓慕斯作法：

1. 先將材料 E 隔水加熱打發，材料 F 泡水至軟化後，加入材料 E 中拌勻至溶解，降溫，待冷卻。
2. 將材料 G 加入作法 1 中拌勻，即為草莓慕斯。

● 組合：

1. 草莓蛋糕烘烤那面朝上，抹上適量的草莓慕斯後，捲起，待冷藏定型，切片。
2. 在切片蛋糕卷表面先擠上打發鮮奶油後，再以白巧克力飾片、草莓適量、草莓馬卡龍裝飾即可。

PART1 35 養生黑芝麻蛋卷

● 蛋糕體：30 ㎝ x 40 ㎝一盤

A. 蛋白 220g、細砂糖 70g、塔塔粉 5g
B. 蛋黃 120g、黑麻油 60g、鮮乳 60g、黑芝麻粉 70g
C. 低筋麵粉 70g、泡打粉 3g

● 黑芝麻餡：

D. 奶油 150g、果糖 50g、奶油起士 150g
E. 黑芝麻粉 100g
F. 蘭姆酒 20g

● 裝飾：

打發鮮奶油適量、馬卡龍適量、巧克力飾片適量

● 蛋糕體作法：

1. 先將材料 B 拌勻，材料 C 過篩後，再加入一起拌勻。
2. 材料 A 打至濕性發泡後，再加入作法 1 中拌勻。
3. 將麵糊倒入舖紙的烤盤中，以上火 200℃／下火 120℃，烤約 15～20 分鐘，出爐，待冷卻備用。

● 黑芝麻餡作法：

1. 先將材料 D 打發，再將材料 E 加入一起拌勻。
2. 最後將材料 F 加入拌勻後，即為黑芝麻餡。

● 組合：

1. 蛋糕抹上適量黑芝麻餡後，捲起，待冷藏定型，切片。
2. 在切片蛋糕卷表面擠上打發鮮奶油，再以馬卡龍、巧克力飾片裝飾即可。

PART2

綿密富彈性的
全蛋海綿蛋糕

1. 波克利藍莓蛋糕卷
2. 蘭姆葡萄巧克力
3. 生巧克力蛋糕卷
4. 泡芙抹茶蛋糕卷
5. 櫻桃巧克力
6. 草莓虎皮蛋糕卷
7. 竹炭夏威夷果仁蛋糕卷
8. 黑糖桂圓蛋糕卷
9. 芙蓉蛋糕

PART2 01

波克利藍莓蛋糕卷

蛋糕體：30 ㎝ x 40 ㎝一盤

A. 全蛋 1 個、蛋黃 300g
B. 細砂糖 75g、鹽 1g
C. 玉米粉 50g、低筋麵粉 50g
D. 沙拉油 30g、鮮乳 30g

卡士達優格奶油餡：

E. 卡士達粉 100g、鮮乳 300g
F. 原味優格 100g
G. 打發動物性鮮奶油 200g

夾餡：新鮮藍莓 100g

裝飾：打發鮮奶油適量、巧克力飾片適量、藍莓適量、草莓適量

蛋糕體作法：

1. 先將材料 A 打發，再加入材料 B 一起打發至不滴落。
2. 材料 C 過篩後加入作法 1 中拌勻，再把材料 D 加入一起拌勻。
3. 將麵糊倒入鋪紙的烤盤中，以上火 200℃／下火 130℃，烤約 15 ～ 20 分鐘，出爐，待冷卻備用。

卡士達優格奶油餡作法：

1. 先將材料 E 拌勻，再將材料 F 加入一起拌勻，靜置 5~10 分鐘。
2. 再將材料 G 加入作法 1 中拌勻，即為卡士達優格奶油餡。

組合：

1. 蛋糕先抹上適量的卡士達優格奶油餡後，撒上新鮮藍莓，捲起，待冷藏定型，切片。
2. 在切片蛋糕卷表面先擠上打發鮮奶油後，再以巧克力飾片、藍莓、草莓裝飾即可。

蘭姆葡萄巧克力

蛋糕體：30 ㎝ x 40 ㎝一盤

A. 全蛋 300g、砂糖 125g
B. 沙拉油 50g、可可粉 40g
C. 低筋麵粉 75g、蘇打粉 10g

蘭姆葡萄餡：

D. 卡士達餡 300g
E. 動物性鮮奶油 150g
F. 葡萄乾 100g、蘭姆酒 50g

裝飾：

打發鮮奶油適量、馬卡龍適量、巧克力飾片適量、夏威夷果適量

蛋糕體作法：

1. 先將材料 A 隔水加熱拌勻至溶解後，打發至不滴落，再將材料 B 加入一起拌勻。
2. 材料 C 過篩後，加入作法 1 中拌勻。
3. 將麵糊倒入舖紙的烤盤中，以上火 200℃／下火 130℃，烤約 15～20 分鐘，出爐，待冷卻備用。

蘭姆葡萄餡作法：

1. 材料 F 先浸泡一天，備用。
2. 材料 E 打發後，加入材料 D 拌勻。
3. 再加入材料 F 拌勻後，即為蘭姆葡萄餡。

組合：

1. 巧克力蛋糕卷巧克力上適量蘭姆葡萄餡，捲起後，待冷藏定型。
2. 在蛋糕卷表面先擠上打發鮮奶油，再以馬卡龍、巧克力飾片、夏威夷果裝飾即可。

★ TIPS｜裝飾性用的水果或巧克力飾片，可依照各人喜好的材料或利用當令的水果加以調整變化。

生巧克力蛋糕卷

● 蛋糕體：30 ㎝ x 40 ㎝一盤

A. 全蛋 420g、細砂糖 175g
B. 沙拉油 42g、可可粉 22g
C. 鮮乳 63g
D. 低筋麵粉 98g、蘇打粉 2g

● 巧克力慕斯：

E. 蛋黃 60g、細砂糖 30g
F. 鮮乳 190g
G. 吉利丁片 4 片
H. 苦甜巧克力 200g
I. 動物性鮮奶油 300g

● 生巧克力：

J. 鮮乳 80g、動物性鮮奶油 80g、葡萄糖漿 20g
K. 苦甜巧克力 290g
L. 奶油 20g
M. 可可粉適量

● 裝飾：

巧克力奶油霜適量、馬卡龍適量、巧克力飾片適量、櫻桃適量、藍莓適量、可可粉適量

● 蛋糕體作法：

1. 先將材料 A 打發。
2. 材料 B 中的沙拉油先加熱至 50℃，再加入可可粉拌匀後，加入作法 1 中拌匀。
3. 材料 C 加入作法 2 中拌匀，材料 D 過篩後，一起加入拌匀。
4. 將麵糊倒入鋪紙的烤盤中抹平，以上火 200℃／下火 150℃，烤約 15 ～ 20 分鐘，出爐，待冷卻備用。

● 巧克力慕斯作法：

1. 先材料 E 打發；材料 F 煮沸後，沖入材料 E 中，回煮至 82℃。
2. 材料 G 泡軟後，加入作法 1 中拌匀；材料 H 也加入拌至溶解，待降溫。
3. 材料 I 打發後，加入作法 2 中拌匀，即為巧克力慕斯。

● 生巧克力作法：

1. 將材料 J 加熱煮沸；材料 K 切碎後，加入攪拌至溶解。
2. 待降溫至 34℃，加入材料 L 拌匀，倒入模型中冷卻，定型，切塊，表面撒上可可粉。

● 組合：

1. 蛋糕冷卻後抹巧克力慕斯，撒上適量的生巧克力後捲起，待冷藏定型。
2. 在蛋糕卷表面抹上少許巧克力奶油霜，撒上可可粉後，再以馬卡龍、巧克力飾片、櫻桃、藍莓裝飾即可。

★ TIPS｜裝飾性用的水果或巧克力飾片，可依照各人喜好的材料或利用當令的水果加以調整變化。

PART2
04

泡芙抹茶蛋糕卷

- 泡芙麵糊：30 ㎝ x 40 ㎝一盤
  A. 奶油 53g、水 105g、鹽 2g、砂糖 5g
  B. 低筋麵粉 166g
  C. 全蛋 80g
  D. 卡士達餡 66g

- 蛋糕體：E. 全蛋 220g、細砂糖 100g
  F. 低筋麵粉 80g、杏仁粉 30g
  G. 奶油 45g、鮮乳 35g

- 抹茶鮮奶油：H. 動物性鮮奶油 300g、細砂糖 50g、抹茶粉 15g

- 裝飾：防潮糖粉適量、蜜紅豆粒 200g

- 泡芙麵糊作法：
  1. 先將材料 A 煮沸，待材料 B 過篩後，加入材料 A 中拌勻煮至糊化。
  2. 材料 C 加入作法 1 中拌勻，再將材料 D 加入一起拌勻。
  3. 將麵糊倒入烤盤中，以上火 180℃／下火 150℃，烤約 15～20 分鐘，出爐，待冷卻備用。

- 蛋糕體作法：
  1. 先將材料 E 隔水加熱至 40℃打發，材料 F 過篩後，加入材料 E 中拌勻。
  2. 材料 G 加熱至奶油溶解後，加入作法 1 中拌勻。
  3. 將麵糊倒入舖紙的烤盤中抹平，以上火 200℃／下火 120℃，烤約 15～20 分鐘，出爐，待冷卻備用。

- 抹茶鮮奶油作法：將材料 H 一起拌勻；打發，即為抹茶鮮奶油。

- 組合：
  1. 泡芙皮先抹上一層抹茶鮮奶油，鋪上蛋糕體，再抹一層抹茶鮮奶油，撒上蜜紅豆粒後，捲起，待冷藏定型，切片。
  2. 蛋糕卷切片後，表面篩撒上糖粉即可。

PART2
05

櫻桃巧克力

● 巧克力蛋糕體：30 ㎝ x 40 ㎝二盤

A. 全蛋 10 個、砂糖 230g

B. 牛奶巧克力 90g、可可粉 90g、動物性鮮奶油 90g

● 櫻桃餡：

C. 櫻桃果泥 300g

D. 吉利丁片 4 片

E. 櫻桃酒 20g、動物性鮮奶油 500g

● 夾餡：漬黑櫻桃適量

● 裝飾：打發鮮奶油適量、馬卡龍適量、櫻桃適量

● 巧克力蛋糕體作法：

1. 先將材料 A 打發至不滴落。
2. 材料 B 隔水加熱拌勻後，加入作法 1 中拌勻。
3. 將麵糊倒入鋪紙的烤盤中抹平，以上火 200℃／下火 130℃，烤約 15～20 分鐘，出爐，待冷卻備用。

● 櫻桃餡作法：

1. 先將材料 C 煮至 80℃後，待材料 D 泡水軟化後，加入拌勻。
2. 材料 E 打發後，加入作法 1 中拌勻，即為櫻桃餡。

● 組合：

1. 巧克力蛋糕抹上適量櫻桃餡，撒上黑櫻桃，捲起，待冷藏定型。
2. 在蛋糕卷表面先擠上打發鮮奶油後，再以馬卡龍、櫻桃裝飾即可。

PART2
06

草莓虎皮蛋糕卷

● 虎皮蛋糕體：30 ㎝ x 40 ㎝一盤

A. 蛋黃 300g、細砂糖 100g
B. 玉米粉 50g

● 鮮奶卡士達餡：

C. 卡士達餡 300g、
動物性鮮奶油 150g

● 夾餡：

打發鮮奶油適量、新鮮草莓適量

● 虎皮蛋糕體作法：

1. 先將材料 A 打發，材料 B 過篩後，加入材料 A 中一起拌勻。
2. 將麵糊倒入鋪紙的烤盤中抹平，以上火 230℃／下火 0℃，烤約 8 ～ 12 分鐘，出爐，待冷卻備用。

● 鮮奶卡士達餡：

1. 先將材料 C 的動物鮮奶油打發後，與卡士達餡拌勻，即為鮮奶卡士達餡。

● 組合：

1. 將虎皮蛋糕的虎皮朝下，朝上的那面抹一層鮮奶卡士達餡後，放上新鮮草莓，捲起，待冷藏定型即可。

PART2 07

竹炭夏威夷果仁蛋糕卷

● 蛋糕體：30 ㎝ x 40 ㎝一盤

A. 全蛋 400g、細砂糖 250g
B. 沙拉油 45g、鮮乳 65g
C. 低筋麵粉 100g、竹炭粉 10g、蘇打粉 2g

● 夾餡：

D. 巧克力奶油霜適量
E. 核桃 100g、夏威夷果 100g、杏仁果 100g、榛果 100g（堅果類先烤熟切碎混合在一起）

● 裝飾：堅果碎適量、巧克力飾片適量、杏仁果適量、藍莓適量

● 蛋糕體作法：

1. 將材料 A 加熱至 38℃後，打發至不滴落，再將材料 B 加入一起拌勻。
2. 材料 C 過篩後，加入作法 1 中拌勻。
3. 將麵糊倒入鋪紙的烤盤中，以上火 200℃／下火 150℃，烤約 15 ～ 20 分鐘，出爐，待冷卻備用。

● 組合：

1. 蛋糕先抹上適量的巧克力奶油霜後，再平均撒上材料 E 的堅果碎，捲起，待冷藏定型。
2. 在蛋糕卷表面先抹上一層薄薄的巧克力奶油霜後，撒上堅果碎，再以巧克力飾片、杏仁果、藍莓裝飾即可。

黑糖桂圓蛋糕卷

● 蛋糕體：30 ㎝ x 40 ㎝一盤

A. 桂圓 150g、養樂多 100g
B. 全蛋 300g、紅糖 150g、細砂糖 80g
C. 低筋麵粉 160g
D. 沙拉油 60g

● 紅糖奶油霜：

E. 全蛋 110g
F. 紅糖 150g、水 30g
G. 奶油 200g
H. 核桃（烤熟）100g

● 裝飾：

打發鮮奶油適量、巧克力飾片適量、白巧克力飾片適量、馬卡龍適量、櫻桃適量

● 蛋糕體作法：

1. 先將材料 A 放一起，浸泡一天。
2. 材料 B 先加熱至 38℃，再打發至不滴落，材料 C 過篩後，加入一起拌勻。
3. 將材料 D 加入作法 2 中拌勻後，再把作法 1 加入一起拌勻。
4. 將麵糊倒入舖紙的烤盤中，以上火 200℃／下火 150℃，烤約 15～20 分鐘，出爐，待冷卻備用。

● 紅糖奶油霜作法：

1. 將材料 E 打發，材料 F 煮沸至紅糖溶解後，加入材料 E 中打至冷卻。
2. 材料 G 退冰至常溫後，加入作法 1 中一起打發。
3. 最後將材料 H 加入作法 2 中拌勻，即為紅糖奶油霜。

● 組合：

1. 桂圓蛋糕先抹上適量的紅糖奶油霜後，捲起，待冷藏定型，切片。
2. 在切片蛋糕卷表面先擠上打發鮮奶油，再以巧克力飾片、白巧克力飾片、馬卡龍、櫻桃裝飾即可。

芙蓉蛋糕

黃金桔子蛋糕體：

30 ㎝ x 40 ㎝一盤

A. 蛋黃 80g、全蛋 200g、桔子果醬 80g
B. 玉米粉 60g
C. 沙拉油 20g
E. 沙拉油 20g、可可粉 20g

椰奶芙蓉蛋糕：

30 ㎝ x 40 ㎝一盤

F. 蔓越莓適量
G. 蛋白 48g、椰奶 100g、沙拉油 72g、香草精 2g
H. 低筋麵粉 100g、鹽 1g
I. 蛋白 220g、砂糖 80g、塔塔粉 3g

卡士達奶油餡：

J. 卡士達粉 80g、鮮乳 200g
K. 桔子酒 30g、動物性鮮奶油 200g

黃金桔子蛋糕體作法：

1. 先將材料 A 打發至不滴落，材料 B 過篩後，加入一起拌勻。
2. 材料 C 加入作法 1 中拌勻後，將麵糊預留 30g，剩餘麵糊倒入舖紙的烤盤中抹平。
3. 將材料 E 加熱拌至溶解，與預留的 30g 麵糊拌勻，裝入擠花袋中，擠在烤盤表面劃出花紋。
4. 以上火 200℃／下火 140℃，烤約 15 ～ 20 分鐘，出爐，待冷卻備用。

椰奶芙蓉蛋糕作法：

1. 先將材料 F 平均撒在舖紙的烤盤中，備用。
2. 再將材料 G 拌勻，待材料 H 過篩後，加入一起拌勻。
3. 材料 I 打至濕性發泡，加入作法 2 中拌勻。
4. 將麵糊倒入作法 1 的舖紙烤盤上抹平，以上火 200℃／下火 90℃，烤約 10 ～ 12 分鐘，出爐，待冷卻備用。

卡士達奶油餡作法：

1. 材料 J 拌勻後，靜置 5 分鐘。
2. 將材料 H 打發後，加入作法 1 中拌勻，即為卡士達奶油餡。

組合：

1. 將黃金桔子蛋糕花紋那面朝下，底部那面朝上，先抹上一層適量的卡士達奶油餡。
2. 再疊上椰奶芙蓉蛋糕，最後抹上一層卡士達奶油餡後，捲起，待冷藏定型，切片即可。

PART3

乾爽鬆軟的
法式海綿蛋糕

1. 水果蛋糕卷
2. 椰香紅豆
3. 瑪卡濃
4. 桑果巧克力
5. 咖啡核桃蛋糕卷
6. 歐培拉
7. 義式乳酪蛋糕卷
8. 焦糖香蕉
9. 楓糖巧克力
10. 巧克力黑森林蛋糕卷
11. 紅茶之家
12. 竹炭栗子
13. 楓糖地瓜卷
14. 楓糖蔓越莓
15. 焦糖咖啡瑞士卷

PART3 01 水果蛋糕卷

● 蛋糕體：30 ㎝ x 40 ㎝一盤

A. 蛋黃 85g、細砂糖 40g
B. 蛋白 215g、細砂糖 70g
C. 低筋麵粉 100g

● 奶油內餡：

D. 鮮乳 400g、細砂糖 115g
E. 蛋黃 60g、低筋麵粉 14g、玉米粉 14g、香草精 3g
F. 奶油 20g
G. 動物鮮奶油 135g

● 夾餡：奇異果適量、紅、黑櫻桃適量、罐頭綜合水果適量

● 裝飾：防潮糖粉適量

● 蛋糕體作法：

1. 將材料 A、B 分別打發，再放一起拌勻。
2. 材料 C 過篩後，加入作法 1 中拌勻，將麵糊裝入擠花袋。
3. 將麵糊以圓孔擠花嘴於舖紙的烤盤上擠出斜線條後，以上火 210℃／下火 130℃，烤約 15 ～ 20 分鐘，出爐，待冷卻備用。

● 奶油內餡作法：

1. 先將材料 E 拌勻（粉類需先過篩），待材料 D 煮沸後，沖入材料 E 中拌勻，再回煮至稠狀。
2. 材料 F 加入作法 1 拌勻至溶解，待冷卻。
3. 材料 G 打發後，加入作法 2 中拌勻，即為奶油內餡。

● 組合：

1. 蛋糕先抹上適量的奶油內餡，再平均鋪上夾餡後，捲起，待冷藏定型。
2. 在蛋糕卷上篩上防潮糖粉，切片即可。

椰香紅豆

蛋糕體：30 ㎝ x 40 ㎝一盤

A. 蛋白 160g、砂糖 110g
B. 蛋黃 130g
C. 低筋麵粉 41g、椰子粉 80g

椰奶紅豆餡：

D. 蜜紅豆 250g
E. 鮮乳 100g、椰奶 150g、細砂糖 60g
F. 香草精 5g、蛋黃 3 個、玉米粉 15g
G. 吉利丁片 4 片
H. 動物性鮮奶油 250g

裝飾：打發鮮奶油適量、巧克力飾片適量、草莓（切對半）適量

蛋糕體作法：

1. 先將材料 A 打至濕性發泡後，材料 B 加入一起拌勻。
2. 材料 C 過篩 2 次後，加入作法 1 中拌勻。
3. 將麵糊倒入鋪紙的烤盤中抹平，以上火 200℃／下火 120℃，烤約 15～20 分鐘，出爐，待冷卻備用。

椰奶紅豆餡作法：

1. 先將材料 D 過開水濾乾，備用。
2. 材料 E 煮沸；將材料 F 拌勻，將煮沸的材料 E 沖入，回煮至稠狀。
3. 材料 G 泡水至軟化後，加入作法 2 拌勻。
4. 材料 H 打發後，加入作法 3 中拌勻，最後加入材料 D 拌勻，即為椰奶紅豆餡。

組合：

1. 蛋糕抹上適量椰奶紅豆餡後，捲起，切片，待冷藏定型，切片。
2. 在切片蛋糕卷表面擠上打發鮮奶油，再以巧克力飾片、草莓裝飾即可。

★ TIPS｜裝飾性用的水果或巧克力飾片，可依照各人喜好的材料或利用當令的水果加以調整變化。

瑪卡濃

● 蛋糕體：30 ㎝ x 40 ㎝一盤

A. 糖粉 135g、杏仁粉 135g、蛋黃 175g
B. 水 30g、麥芽 20g、咖啡粉 9g
C. 低筋麵粉 66g
D. 蛋白 110g、糖粉 60g、塔塔粉 5g

● 咖啡奶油：

F. 蛋黃 450g
G. 細砂糖 130g、水 50g
H. 無鹽奶油 400g
I. 啡咖粉 20g、摩卡醬 20g

● 裝飾：打發鮮奶油適量、烤熟杏仁片（切碎）100g、烤熟杏仁粒適量

● 蛋糕體作法：

1. 先將材料 A 打發，材料 B 加熱至溶解後，加入一起拌勻。
2. 材料 C 過篩後，加入作法 1 中拌勻，材料 D 打至硬性發泡後，再加入一起拌勻。
3. 將麵糊倒入鋪紙的烤盤中抹平，以上火 200℃／下火 120℃，烤約 15 ～ 20 分鐘，出爐，待冷卻備用。

● 咖啡奶油作法：

1. 先將材料 F 打發，材料 G 加熱至 108℃後，沖入材料 F 中，再打至冷卻。
2. 材料 H 打發後，加入作法 1 中拌勻，再將材料 I 加入拌勻，即為咖啡奶油。

● 組合：

1. 咖啡蛋糕抹上適量咖啡奶油後，捲起，待冷藏定型。
2. 在咖啡蛋糕卷上抹上一層薄薄的咖啡奶油，撒上烤熟杏仁片，再擠上適量的咖啡奶油，放上杏仁粒即可。

PART3 04

桑果巧克力

● 蛋糕體：30 cm ×40 cm一盤

A. 蛋白 200g、細砂糖 110g
B. 蛋黃 100g
C. 苦甜巧克力 40g、動物性鮮奶油 25g
D. 可可粉 45g、低筋麵粉 85g

● 榛果餡：

E. 動物性鮮奶油 240g
F. 榛果醬 200g
G. 吉利丁片 2 片
H. 酒漬桑椹 120g、櫻桃酒 20g、榛果（烤熟、切碎）25g

● 裝飾：

打發鮮奶油適量、巧克力飾片適量、白巧克力飾片適量、櫻桃適量、藍莓適量、防潮糖粉適量

● 蛋糕體作法：

1. 將材料 A 打至濕性發泡後，材料 B 加入一起打發。
2. 材料 C 先隔水加熱至溶解後，加入作法 1 中拌勻。
3. 材料 D 過篩後，加入作法 2 中拌勻。
4. 將麵糊倒入舖紙的烤盤中，以上火 180℃／下火 130℃，烤約 15～20 分鐘，出爐，待冷卻備用。

● 榛果餡作法：

1. 先將材料 E 打發後，材料 F 隔水加熱溶解後，加入材料 E 中拌勻。
2. 材料 G 泡水軟化後，加入作法 1 中，隔水加熱拌勻至溶解。
3. 將材料 H 加入作法 2 中拌勻，即成榛果餡。

● 組合：

1. 巧克力蛋糕先抹上適量的榛果餡後，捲起，待冷藏定型。
2. 在蛋糕卷上先篩上防潮糖粉，再擠上打發鮮奶油，最後以巧克力飾片、白巧克力飾片、櫻桃、藍莓裝飾即可。

PART3
05

咖啡核桃蛋糕卷

● 蛋糕體：30 ㎝ x 40 ㎝一盤

A. 蛋黃 80g、細砂糖 40g
B. 蛋白 200g、細砂糖 80g
C. 咖啡粉 15g、水 15g
D. 低筋麵粉 120g

● 咖啡奶油餡：

E. 全蛋 75g
F. 細砂糖 65g、水 20g、咖啡粉 20g
G. 無鹽奶油 135g
H. 葡萄乾 135g、核桃（烤熟）65g、蘭姆酒 30g

● 裝飾：打發鮮奶油適量、巧克力飾片適量、金桔（切半）適量、杏仁粒適量、草莓（切片）適量

● 蛋糕體作法：

1. 先將材料 A 打發至不滴落，材料 B 打至硬性發泡後，加入一起拌勻。
2. 材料 C 加熱拌至溶解後，加入作法 1 中拌勻。
3. 將材料 D 過篩後，加入作法 2 中拌勻，再將麵糊放入擠花袋中。
5. 用平口花嘴以線條擠於舖紙的烤盤上，以上火 200℃／下火 150℃，烤約 15 ～ 20 分鐘，出爐，待冷卻備用。

● 咖啡奶油餡作法：

1. 先將材料 E 打發，待材料 F 煮沸，拌至溶解後，加入材料 E 中打至冷卻。
2. 材料 G 退冰至常溫後，加入作法 1 中打發。
3. 再將材料 H 加入作法 2 中拌勻，即為咖啡奶油餡。

● 組合：

1. 蛋糕先抹上適量的咖啡奶油餡後，捲起，待冷藏定型。
2. 蛋糕卷表面再以打發鮮奶油 . 巧克力飾片、金桔、杏仁果、切片草莓裝飾即可。

★ TIPS｜裝飾性用的水果或巧克力飾片，可依照各人喜好的材料或利用當令的水果加以調整變化。

歐培拉

● 蛋糕體：60 ㎝ x 40 ㎝一盤

A. 蛋白 310g、砂糖 218g
B. 蛋黃 60g
C. 低筋麵粉 89g、杏仁粉 150g

● 巧克力淋醬：

D. 動物性鮮奶油 280g、麥芽 60g
E. 苦甜巧克力 400g
F. 蘭姆酒 30g

● 咖啡奶油：

G. 白油 150g、無鹽奶油 300g、果糖 100g
H. 咖啡粉 15g、熱水 30g

● 裝飾：

打發鮮奶油適量、馬卡龍適量、巧克力飾片適量、草莓（對半切）適量、櫻桃適量

● 蛋糕體作法：

1. 先將材料 A 打發後，材料 B 加入一起拌勻。
2. 材料 C 過篩 2 次後，加入作法 1 中拌勻。
3. 將麵糊倒入舖紙的烤盤中，以上火 200℃／下火 150℃，烤約 12～15 分鐘，出爐，待冷卻備用。

● 巧克力淋醬作法：

1. 材料 D 加熱煮沸後，倒入材料 E 拌至溶解。
2. 將材料 F 加入作法 1 拌勻，即為巧克力淋醬。

● 咖啡奶油作法：

1. 將材料 G 打發；材料 H 拌至溶解後，一起拌勻，即為咖啡奶油。

● 組合：

1. 將蛋糕切成 30 ㎝ x 40 ㎝二片，先各抹上一層巧克力淋醬，及一層咖啡奶油後，兩片重疊，捲起。
2. 放入冷凍稍冰硬，取出後，蛋糕卷表面淋上一層巧克力淋醬，再以打發鮮奶油、馬卡龍、巧克力飾片、草莓、櫻桃裝飾即可。

★ TIPS｜裝飾性用的水果或巧克力飾片，可依照各人喜好的材料或利用當令的水果加以調整變化。

義式乳酪蛋糕卷

- 蛋糕體：30 ㎝ x 40 ㎝一盤

A. 全蛋 1 個、蛋黃 110g、細砂糖 75g
B. 低筋麵粉 50g
C. 檸檬汁 8g
D. 蛋白 120g、細砂糖 80g
E. 玉米粉 60g

- 乳酪餡：

F. 蛋黃 40g
G. 細砂糖 60g、水 60g
H. 吉利丁片 5g
I. 瑪斯卡邦 250g
J. 動物性鮮奶油 250g、白蘭地酒 20g

- 裝飾：打發鮮奶油適量、巧克力飾片適量、草莓（切片）適量
防潮糖粉適量

- 蛋糕體作法：

1. 先將材料 D 打至硬性發泡，材料 E 過篩後，加入一起拌勻。
2. 將作法 1 裝入擠花袋中，擠格子狀於舖紙的烤盤中備用。
3. 材料 A 打發，材料 B 過篩後，加入一起拌勻，再將材料 C 也加入拌勻。
4. 將麵糊擠入作法 2 的空隙中，以上火 200℃／下火 150℃，烤約 15 ～ 20 分鐘，出爐，待冷卻備用。

- 乳酪餡作法：

1. 先將材料 F 打發，待材料 G 煮沸後，加入材料 F 中打至冷卻。
2. 材料 H 泡水至軟化，加入作法 1 中，隔水加熱拌至溶解。
3. 材料 I 加入作法 2 中拌勻，材料 J 打發後，加入一起拌勻，即為乳酪餡。

- 組合：

1. 蛋糕先抹上適量的餡乳酪後，捲起，切片，待冷藏定型。
2. 在切片蛋糕卷表面先篩上防潮箱糖粉，擠上巧克力奶油霜，再以巧克力飾片、草莓裝飾即可。

裝飾性用的水果或巧克力飾片，可依照各人喜好的材料或利用當令的水果加以調整變化。

焦糖香蕉

蛋糕體：30 ㎝ x 40 ㎝一盤

A. 全蛋 1 個、蛋黃 110g、細砂糖 75g
B. 低筋麵粉 50g
C. 檸檬汁 8g
D. 蛋白 120g、細砂糖 40g
E. 低筋麵粉 60g

焦糖慕斯：

F. 細砂糖 120g、動物性鮮奶油 120g
G. 吉利丁片 10g
H. 蛋黃 40g、細砂糖 10g
I. 動物性鮮奶油 240g、白蘭地酒

內餡：J. 香蕉 4 根

裝飾：

打發鮮奶油適量、巧克力飾片適量、草莓（對半切）適量、防潮糖粉適量

蛋糕體作法：

1. 先將材料 D 打至硬性發泡，材料 E 過篩後，加入一起拌勻。
2. 將材料 A 打發；材料 B 過篩；加入作法 1 中拌勻，材料 C 再加入一起拌勻。
3. 將作法 1、2 以間隔方式，斜線條擠於鋪紙的烤模中，以上火 200℃／下火 150℃，烤約 15 ～ 20 分鐘，出爐，待冷卻備用。

焦糖慕斯作法：

1. 將材料 F 慢慢煮成焦糖醬，待材料 G 泡水至軟化後，加入拌勻。
2. 材料 H 打發至砂糖溶解後，加入作法 1 中拌勻。
3. 材料 I 打發後，加入作法 2 中拌勻，即成焦糖慕斯。

組合：

1. 蛋糕抹上適量的焦糖慕斯後，鋪上香蕉，捲起，待冷藏定型。
2. 在蛋糕卷表面先篩上防潮糖粉，再以打發鮮奶油、巧克力飾片、草莓裝飾即可。

楓糖巧克力

● 蛋糕體：30 ㎝ x 40 ㎝一盤

A. 蛋白 225g、楓糖漿 150g、塔塔粉 3g
B. 蛋黃 135g
C. 低筋麵粉 75g、玉米粉 20g
D. 鮮乳 25g、沙拉油 25g
E. 耐烤焙巧克力豆 75g

● 巧克力奶油霜：

F. 奶油 200g、白油 50g、軟質巧克力 250g

● 夾餡：核桃（烤熟）適量

● 裝飾：

打發鮮奶油、巧克力飾片適量、櫻桃適量、可可粉適量

● 蛋糕體作法：

1. 先將材料 A 打發，材料 B 加入再一起打發。
2. 材料 C 過篩後，加入作法 1 中拌勻，再將材料 D 加入拌勻，最後將材料 E 加入拌勻。
3. 將麵糊倒入鋪紙的烤盤中抹平，以上火 200℃／下火 150℃，烤約 15～20 分鐘，出爐，待冷卻備用。

● 巧克力奶油霜作法：將材料 F 一起拌勻打發後，即為巧克力奶油霜。

● 組合：1. 楓糖巧克力蛋糕先抹上適量的巧克力奶油霜後，撒上適量的核桃，捲起，待冷藏定型。
2. 在蛋糕卷表面先篩上一層可可粉，擠上打發鮮奶油後，再以巧克力飾片、櫻桃裝飾即可。

PART3 10 巧克力黑森林蛋糕卷

● 蛋糕體：30 ㎝ x 40 ㎝一盤

A. 蛋白 200g、細砂糖 120g、塔塔粉 3g
B. 蛋黃 100g
C. 沙拉油 30g、可可粉 20g
D. 鮮乳 45g
E. 低筋麵粉 70g、蘇打粉 2g

● 夾餡：

F. 黑櫻桃 200g、動物性鮮奶油 300g

● 裝飾：

打發鮮奶油適量、巧克力碎片適量、
巧克力飾片適量、草莓適量

● 蛋糕體作法：

1. 將材料 A 打發後，材料 B 加入一起拌勻，再打發至不滴落。
2. 材料 C 加熱至 50℃，拌至溶解後，加入作法 1 中拌勻。
3. 材料 D 加入作法 2 中拌勻，材料 E 過篩後，也加入一起拌勻。
4. 將麵糊倒入舖紙的烤盤中，以上火 200℃／下火 150℃，烤約 12 ～ 15 分鐘，出爐，待冷卻備用。

● 組合：

1. 先將材料 F 中的動物性鮮奶油打發備用。
2. 巧克力蛋糕抹上適量的作法 1，再撒適量黑櫻桃後，捲起，待冷藏定型。
3. 待蛋糕卷定型後，蛋糕表面先抹上一層薄薄的打發鮮奶油，表面撒上巧克力碎片，再以奶油霜、巧克力飾片、草莓作裝飾即可。

紅茶之家

蛋糕體：30 ㎝ x 40 ㎝一盤

A. 蛋黃 4 個、細砂糖 45g、香草精 2g
B. 紅茶葉 12g、水 60g
C. 蛋白 4 個、細砂糖 40g、塔塔粉 3g
D. 低筋麵粉 100g
E. 杏仁角適量

紅茶奶油餡：

F. 蛋黃 3 個、細砂糖 50g
G. 鮮乳 100g、紅茶葉 20g
H. 吉利丁片 4g
I. 白蘭地 15g、動物性鮮奶油 300g
J. 黑櫻桃 100g

裝飾：打發鮮奶油適量、巧克力飾片適量、防潮糖粉適量

蛋糕體作法：

1. 先將材料 A 打發，待材料 B 的水煮沸，加入紅茶葉浸泡約 5 分鐘，過濾後，加入拌勻。
2. 材料 C 打發後，加入作法 1 中拌勻，材料 D 過篩後，再加入一起拌勻。
3. 將麵糊裝入擠花袋中，以平口花嘴擠平行線條在舖紙的烤盤中後，表面平均撒上材料 E。
4. 以上火 200℃／下火 120℃，烤約 15 ～ 20 分鐘，出爐，待冷卻備用。

紅茶奶油餡作法：

1. 先將材料 F 打發。
2. 材料 G 一起加熱煮沸，浸泡約 5 分鐘，過濾後；倒入作法 1 中煮至 85℃。
3. 材料 H 泡水至軟化後，加入作法 2 中拌勻。
4. 材料 I 打發後，加入作法 3 中一起拌勻，即為紅茶奶油餡。

組合：

1. 紅茶杏仁蛋糕先抹上適量的紅茶奶油餡後，捲起，待冷藏定型，切片。
2. 在切片蛋糕卷表面先篩上糖粉，再以巧克力飾片裝飾即可。

PART3 12

竹炭栗子

蛋糕體：30 ㎝ x 40 ㎝一盤

A. 蛋黃 85g、細砂糖 40g
B. 蛋白 215g、細砂糖 80g
C. 低筋麵粉 100g、竹炭粉 8g、蘇打粉 2g

奶油栗子餡：

D. 蛋黃 150g、低筋麵粉 15g、玉米粉 15g、奶粉 15g
E. 鮮乳 300g、細砂糖 50g
F. 奶油 40g
G. 吉利丁片 2 片
H. 動物性鮮奶油 200g

夾餡：蜜漬栗子（切碎）100g

裝飾：巧克力奶油霜適量、蜜漬栗子適量

蛋糕體作法：

1. 先將材料 A 打發，材料 B 打至濕性發泡後，加入材料 A 中一起拌勻。
2. 材料 C 過篩 2 次後，加入作法 1 中拌勻，將麵糊放入擠花袋中。
3. 以平口花嘴擠斜線條擠入舖紙的烤盤中，以上火 200℃／下火 150℃，烤約 15 ～ 20 分鐘，出爐，待冷卻備用。

奶油栗子餡作法：

1. 材料 D 中的粉類先過篩後，再一起拌勻。
2. 將材料 E 煮沸後，加入作法 1 中拌勻，再回煮至呈稠狀。
3. 材料 F 加入作法 2 中拌勻，待材料 G 泡水至軟化後，再加入一起拌至溶解後，降溫。
4. 將材料 H 打發加進作法 3 中拌勻即可。

組合：

1. 竹炭蛋糕先抹上適量的奶油栗子餡後，撒上適量蜜漬栗子，捲起，待冷藏定型。
2. 蛋糕卷表面以巧克力奶油霜、蜜漬栗子裝飾即可。

PART3
13

楓糖地瓜卷

蛋糕體：30 ㎝ x 40 ㎝一盤

A. 蛋白 200g、楓糖 140g、細砂糖 50g
B. 蛋黃 95g
C. 低筋麵粉 130g、玉米粉 30g
D. 鮮乳 74g、沙拉油 55g

奶油地瓜餡：

E. 地瓜 220g
F. 蛋黃 120g、低筋麵粉 9g、玉米粉 9g
G. 奶油 40g、鮮乳 360g、楓糖 200g
H. 鮮奶油 200g

裝飾：

打發鮮奶油適量、防潮糖粉適量、金桔（對切）適量、藍莓適量、白巧克力飾片適量

蛋糕體作法：

1. 先將材料 A 打至濕性發泡，材料 B 加入再一起打發。
2. 材料 C 過篩後，加入作法 1 中拌勻，再將材料 D 加入一起拌勻。
3. 將麵糊倒入鋪紙的烤盤中抹平，以上火 200℃／下火 150℃，烤約 12 ～ 15 分鐘，出爐，待冷卻備用。

奶油地瓜餡作法：

1. 先將材料 E 蒸熟後；過篩去除粗纖維。
2. 材料 F 的粉類先過篩後，與蛋黃一起拌勻，再加入作法 1 中一起拌勻。
3. 材料 G 加熱煮沸後，加入作法 2 中拌勻，再回煮至呈稠狀，待降溫。
4. 最後將材料 H 打發後，加入作法 3 中拌勻，即為奶油地瓜餡。

組合：

1. 蛋糕先抹上適量的奶油地瓜餡後，捲起，待冷藏定型，切片。
2. 在切片蛋糕卷表面先篩上防潮糖粉，擠上打發鮮奶油，再以金桔、藍莓、白巧克力飾片裝飾即可。

★ TIPS｜裝飾性用的水果或巧克力飾片，可依照各人喜好的材料或利用當令的水果加以調整變化。

PART3
14

楓糖蔓越莓

● 蛋糕體：30 ㎝ x 40 ㎝一盤

A. 蛋白 225g、楓糖漿 150g、塔塔粉 3g
B. 蛋黃 135g
C. 低筋麵粉 75g、玉米粉 20g
D. 鮮乳 25g、沙拉油 25g

● 楓糖奶油核果餡：

E. 蛋黃 50g、玉米粉 10g、低筋麵粉 10g
F. 鮮乳 135g、香草精 3g、楓糖漿 100g
G. 奶油 54g
H. 吉利丁片 2 片
I. 鮮奶油 150g

● 夾餡：夏威夷果（烤熟）50g、黑櫻桃 120g

● 裝飾：

打發鮮奶油適量、巧克力飾片適量、草莓適量、櫻桃適量、防潮糖粉適量

● 蛋糕體作法：

1. 先將材料 A 打至濕性發泡，把材料 B 加入拌勻，再打發。
2. 材料 C 過篩，加入作法 1 中拌勻，材料 D 加熱至 50℃後，加入一起拌勻。
3. 將麵糊倒入鋪紙的烤盤抹平，以上火 200℃／下火 150℃，烤約 15 ～ 20 分鐘，出爐，待冷卻備用。

● 楓糖奶油核果餡作法：

1. 材料 E 中的粉類先過篩，再加入蛋黃一起拌勻。
2. 材料 F 加熱煮沸，沖入作法 1 中回煮至呈稠狀。
3. 材料 G 加入作法中拌至溶解，材料 H 泡水至軟化後，再加入拌勻至溶解，待降溫。
4. 最後材料 I 打發加入拌勻，即為楓糖奶油核果餡。

● 組合：

1. 楓糖蛋糕先抹上適量的楓糖奶油核果餡後，再放上適量的材料 J，捲起，待冷藏定型。
2. 在蛋糕卷表面先擠上打發鮮奶油，再以巧克力飾片、草莓、櫻桃裝飾，最後篩上些許防潮糖粉即可。

PART3
15

焦糖咖啡瑞士卷

● 蛋糕體：30 ㎝ x 40 ㎝一盤

A. 細砂 140g、水 60g
B. 蛋白 215g、塔塔粉 3g
C. 蛋黃 110g
D. 沙拉油 35g
E. 低筋麵粉 75g、奶粉 25g
F. 鮮奶 78g

● 咖啡奶油餡：

G. 蛋黃 40g、細砂糖 40g
H. 即溶咖啡 6g
I. 吉利丁片 3 片
J. 動物性鮮奶油 200g、咖啡酒 15g

● 裝飾：

打發鮮奶油適量、巧克力飾片適量、金桔（一切為四）適量、櫻桃適量

● 蛋糕體作法：

1. 先將材料 A 中的細砂糖煮成焦糖狀，再加水拌勻，待冷卻。
2. 材料 B 打發後，將作法 1 加入，再一起打發至濕性發泡。
3. 將材料 C 加入作法 2 中，再打發至不滴落，材料 D 再加入拌勻。
4. 材料 E 過篩後，加入作法 3 中拌勻，最後將材料 F 也加入拌勻。
5. 將麵糊倒入舖紙的烤盤中抹平，以上火 200℃／下火 150℃，烤約 12～15 分鐘，出爐，待冷卻備用。

● 咖啡奶油餡：

1. 將材料 G 隔水加熱打發，把材料 H 加入拌勻至溶解。
2. 材料 I 泡水至軟化後，加入作法 1 中拌勻，降溫至冷卻。
3. 將材料 J 打發後，加入作法 2 中拌勻，即為咖啡奶油餡。

● 組合：

1. 焦糖蛋糕先抹上適量的咖啡奶油餡後，捲起，待冷藏定型，切片。
2. 在切片蛋糕卷表面先擠上打發鮮奶油後，再以巧克力飾片、金桔片、櫻桃裝飾即可。

★ TIPS | 裝飾性用的水果或巧克力飾片，可依照各人喜好的材料或利用當令的水果加以調整變化。

PART4

細緻柔軟的
乳化劑（SP）蛋糕

1. 養樂多千層
2. 杏桃卷
3. 提拉米蘇
4. 蘋果白蘭地
5. 焦糖瑪琪朵
6. 香草芒果瑞士卷
7. 芒果櫻桃蛋糕卷

PART4 01 養樂多千層

● 蛋糕體：60 ㎝ x 40 ㎝一盤

A. 全蛋 410g、細砂糖 120g、
原味優格 30g、低筋麵粉 130g

B.SP 10g

C. 蜂蜜 30g、養樂多 82g

D. 奶油 120g

● 夾餡：

E. 覆盆子果醬（市售）

● 裝飾：打發鮮奶油適量、
杏仁片（烤熟壓碎）適量、
草莓適量、糖粉適量

● 蛋糕體作法：

1. 先將材料 A 打約 5 ～ 10 分鐘後，材料 B 加入一起打發。
2. 材料 C、D 分別加熱至 60℃後，加入作法 1 中一起拌勻。
3. 將麵糊倒入舖紙的烤盤中，以上火 230℃／下火 100℃，烤約 8 ～ 12 分鐘，出爐，待冷卻備用。

● 組合：

1. 將冷卻的蛋糕體抹上覆盆子果醬，捲起，待冷藏定型。
2. 在蛋糕表面先抹上一層薄薄的打發鮮奶油後，灑上杏仁碎，再擠上一排打發鮮奶油，放上草莓，最後篩上糖粉即可。

杏桃卷

● 蛋糕體：30 ㎝ x 40 ㎝一盤

A. 全蛋 325g、細砂糖 100g
B. 中筋麵粉 100g、泡打粉 4g
C.SP 12g
D. 蜂蜜 40g、鮮乳 80g
E. 沙拉油 80g

● 杏桃餡：

F. 鮮乳 200g
G. 細砂糖 30g、蛋黃 80g
H. 吉利丁片 8g
I. 香草精 5g、動物性鮮奶油 250g
J. 杏桃乾（切碎）150g、白蘭地酒 20g

● 裝飾：打發鮮奶油適量、馬卡龍適量、巧克力飾片適量、草莓（切片）適量、櫻桃適量、藍莓適量

● 蛋糕體作法：

1. 先將材料 A 打發，材料 B 過篩後加入，再打約 10 分鐘。
2. 材料 C 加入作法 1 中打發。
3. 材料 D、E 加熱至 80℃後，加入作法 2 中一起拌勻。
4. 將麵糊倒入舖紙的烤盤中抹平，以上火 200℃／下火 120℃，烤約 15 ～ 20 分鐘，出爐，待冷卻備用。

● 杏桃餡作法：

1. 先將材料 G 打發，材料 F 煮沸後，沖入材料 G 中。
2. 材料 H 泡水軟化後，加入作法 1 拌勻，待冷卻。
3. 材料 I 打發後，加入作法 2 拌勻，再加入材料 J 拌勻，即為杏桃餡。

● 組合：

1. 蛋糕抹上適量杏桃餡後，捲起，待冷藏定型。
2. 在蛋糕卷表面先擠上打發鮮奶油後，再以馬卡龍、巧克力飾片、切片草莓、櫻桃、藍莓即可。

★ TIPS ｜ 裝飾性用的水果或巧克力飾片，可依照各人喜好的材料或利用當令的水果加以調整變化。

PART4
03

提拉米蘇

蛋糕體：30 ㎝ x 40 ㎝一盤

A. 全蛋 200g、砂糖 100g、低筋麵粉 90g、蘇打粉 2g
B.SP 10g
C. 鮮乳 70g、沙拉油 90g、可可粉 30g

慕斯餡：

D. 蛋黃 40g
E. 砂糖 50g、水 25g
F. 瑪卡邦起士 250g
G. 吉利丁片 3 片
H. 動物性鮮奶油 250g、咖啡酒 20g

裝飾：

巧克力奶油霜適量、巧克力飾片適量、草莓（對半切）適量、可可粉適量

巧克力蛋糕體作法：

1. 材料 A 先打約 10 分鐘，再加入材料 B，一起打發。
2. 將材料 C 加熱至 80℃後，加入作法 1 中拌勻。
3. 將麵糊倒入鋪紙的烤盤中抹平，以上火 200℃／下火 130℃，烤約 15～20 分鐘，出爐，待冷卻備用。

慕斯餡作法：

1. 先將材料 D 打發；待材料 E 加熱至 108℃後，沖入材料 D 中，再打至冷卻。
2. 將材料 F 加入作法 1 中拌勻，待材料 G 泡水軟化後，加入拌勻至溶解。
3. 材料 H 打發後，加入作法 2 中拌勻，即為慕斯餡。

組合：

1. 巧克力蛋糕抹上適量慕斯餡，捲起，待冷藏定型。
2 在蛋糕卷表面以巧克力奶油霜擠上彎曲的線條，篩上可可粉後，再以巧克力飾片、草莓裝飾即可。

★ TIPS | 裝飾性用的水果或巧克力飾片，可依照各人喜好的材料或利用當令的水果加以調整變化。

PART4
04

蘋果白蘭地

蛋糕體：30 ㎝ x 40 ㎝一盤

A. 細砂糖 125g、動物性鮮奶油 120g
B. 全蛋 250g、低筋麵粉 115g
C.SP 10g
D. 奶油 50g

蘋果餡：

E. 奶油 20g、細砂糖 20g
F. 新鮮蘋果（切丁）2 個
G. 肉桂粉 2g、檸檬汁 20g、白蘭地 20g
H. 細砂糖 100g、動物性鮮奶油 100g
I. 動物性鮮奶油 200g、白蘭地 50g

裝飾：

打發鮮奶油適量、巧克力飾片適量、白巧克力飾片適量、草莓適量、藍莓適量、櫻桃適量

蛋糕體作法：

1. 先將材料 A 一起煮至焦糖化，冷卻備用。
2. 材料 B 的粉類過篩後再一起拌勻，攪打約 10 分鐘後，將材料 C 加入一起打發。
3. 將作法 1 的焦糖加入作法 2 中拌勻。
4. 材料 D 加熱至溶解後，再加入作法 3 中一起拌勻。
5. 將麵糊倒入舖紙的烤盤中，以上火 200℃／下火 150℃，烤約 15 ～ 20 分鐘，出爐，待冷卻備用。

蘋果餡作法：

1. 先將材料 F 炒熱後，加入材料 E，再續煮至蘋果丁呈半透明狀。
2. 將材料 G 加入作法 1 中拌勻，待冷卻備用。
3. 材料 H 一起煮至焦糖化，待冷卻後，加入作法 2 中拌勻。
4. 最後將材料 I 加入作法 3 中拌勻，打發後，即為蘋果餡。

組合：

1. 蛋糕先抹上適量的蘋果餡，捲起，待冷藏定型。
2. 蛋糕卷表面先擠上打發鮮奶油後，再以巧克力飾片、白巧克力飾片、草莓、藍莓、櫻桃裝飾即可。

焦糖瑪琪朵

● 蛋糕體：30 ㎝ x 40 ㎝一盤

A. 奶油 50g、糖粉 50g、蛋白 50g
B. 低筋麵粉 50g
C. 全蛋 200g、細砂糖 85g
D. 低筋麵粉 85g
E.SP 5g
F. 鮮乳 30g、奶油 50g、
可可粉 30g

● 瑪琪朵焦糖餡：

G. 細砂糖 65g
H. 動物性鮮奶油 130g
I. 蛋黃 30g、即溶咖啡粉 16g
J. 白巧克力 42g
K. 吉利丁片 2 片
L. 動物性鮮奶油 150g

● 裝飾：打發鮮奶油適量、白巧克力飾片適量、草莓（對半切）適量

● 蛋糕體作法：

1. 先將材料 A 拌勻，材料 B 過篩後，加入一起拌勻為白麵糊。
2. 將白麵糊倒在矽膠墊上作出花紋，放入冷凍冰硬，備用。
3. 材料 C 打發，材料 D 過篩加入一起拌勻，再打約 5 ～ 10 分鐘。
4. 材料 E 加入作法 3 中一起打發，材料 F 加熱拌至溶解後，再加入拌勻為黑麵糊。
5. 將黑麵糊倒入作法 2 的矽膠墊上抹平，以上火 200℃／下火 200℃，烤約 15 ～ 20 分鐘，出爐，待冷卻備用。

● 瑪琪朵焦糖餡作法：

1. 先將材料 G 煮至焦化，加入材料 H 拌勻後，再煮沸。
2. 材料 I 加入作法 1 中拌勻至咖啡粉溶解，再將材料 J 加入拌至溶解。
3. 材料 K 泡水至軟化後，加入作法 2 中拌勻至溶解，降溫待冷卻。
4. 最後將材料 L 打發後，加入作法 3 中拌勻，即為瑪琪朵焦糖餡。

● 組合：

1. 蛋糕花紋面朝上，抹上適量的瑪琪朵焦糖餡後，捲起，待冷藏定型，切片。
2. 在切片蛋糕卷表面先擠上打發鮮奶油後，再以白巧克力飾片、草莓裝飾即可。

レシピブック

PART4 06

香草芒果瑞士卷

蛋糕體：30 ㎝ x 40 ㎝一盤

A. 全蛋 330g、細砂糖 110g
B. 中筋麵粉 110g、泡打粉 2g
C.SP15g
D. 蜂蜜 50g、鮮乳 80g
E. 奶油 80g

白蘭地香草奶油餡：

F. 鮮乳 300g、細砂糖 80g、香草精 3g
G. 蛋黃 150g、玉米粉 18g、低筋麵粉 18g
H. 吉利丁片 2 片
I. 白蘭地酒 50g、打發動物性鮮奶油 250g

芒果果凍：

J. 芒果泥 300g、水 100g、細砂糖 80g
K. 吉利丁片 4 片

裝飾：

打發鮮奶油適量、巧克力飾片適量、馬卡龍適量、藍莓適量、草莓適量

蛋糕體作法：

1. 先將材料 A 打至砂糖溶解，材料 B 過篩後加入拌勻，一起打發 5～10 分鐘。
2. 將材料 C 加入作法 1 中一起打發。
3. 材料 D、材料 E 一起加熱至 70℃後，分 2 次加入拌勻。
4. 將麵糊倒入鋪紙的烤盤中，以上火 190℃／下火 130℃，烤約 15～20 分鐘，出爐，待冷卻備用。

白蘭地香草奶油餡作法：

1. 材料 G 的粉類先一起過篩，再加入蛋黃一起拌勻。
2. 材料 F 煮熟後，沖入作法 1 中拌勻，再回煮至呈稠狀。
3. 材料 H 泡水至軟化後，加入作法 2 中拌勻至溶解，待降溫冷卻。
4. 材料 I 分 3 次加入作法 3 中拌勻，即為白蘭地香草奶油餡。

芒果果凍：

1. 材料 J 一起加熱煮沸，待材料 K 泡水軟化後，加入拌勻至溶解。
2. 倒入模型中放入冷藏，待凝固，切成塊狀即可。

組合：

1. 蛋糕抹上適量白蘭地香草奶油餡，放上芒果果凍後，捲起，待冷藏定型，切片。
2. 在切片蛋糕卷表面擠上打發鮮奶油，再以馬卡龍、切半草莓、藍莓做裝飾即可。

芒果櫻桃蛋糕卷

● 蛋糕體：30 ㎝ x 40 ㎝一盤

A. 全蛋 200g、細砂糖 85g、低筋麵粉 185g
B. SP 5g
C. 奶水 30g、沙拉油 30g

● 芒果慕斯：

D. 蛋黃 46g、細砂糖 70g、水 35g
E. 芒果泥 230g、檸檬汁 10g
F. 吉利丁片 10g
G. 動物性鮮奶油 230g

● 夾餡：黑櫻桃適量

● 裝飾：

打發鮮奶油適量、白巧克力飾片適量、草莓適量、藍莓適量

● 蛋糕體作法：

1. 先將材料 A 打約 10 分鐘後，材料 B 加入一起打發。
2. 材料 C 加熱至 80℃加入作法 1 中拌勻。
3. 將麵糊倒入舖紙的烤盤中，以上火 200℃／下火 150℃，烤約 15～20 分鐘，出爐，待冷卻備用。

● 芒果慕斯作法：

1. 先將材料 D 隔水加熱打發，材料 F 泡水軟化後，加入材料 D 中拌勻至溶解。
2. 材料 E 加入作法 1 中拌勻，待降溫，材料 G 打發後，加入一起拌勻，即為芒果慕斯。

● 組合：

1. 蛋糕先抹上適量的芒果慕斯，撒入適量黑櫻桃後，捲起，待冷藏定型，切片即可。
2. 在切片蛋糕卷表面擠上打發鮮奶油，再以白巧克力飾片、草莓、藍莓裝飾即可。

★ TIPS ｜ 裝飾性用的水果或巧克力飾片，可依照各人喜好的材料或利用當令的水果加以調整變化。

令人垂涎三尺的蛋糕卷

作　　者　林倍加
攝　　影　蕭維剛
編　　輯　吳小諾
美術設計　王欽民

發 行 人　程安琪
總 策 畫　程顯灝
總 編 輯　呂增娣
主　　編　徐詩淵
編　　輯　林憶欣、黃莛勻、鍾宜芳
美術主編　劉錦堂
美術編輯　吳靖玟
行銷總監　呂增慧
資深行銷　謝儀方、吳孟蓉

發 行 部　侯莉莉
財 務 部　許麗娟、陳美齡
印　　務　許丁財
出 版 者　橘子文化事業有限公司

總 代 理　三友圖書有限公司
地　　址　106台北市安和路2段213號4樓
電　　話　(02) 2377-4155
傳　　真　(02) 2377-4355
E－MAIL　service@sanyau.com.tw
郵政劃撥　05844889 三友圖書有限公司

總 經 銷　大和書報圖書股份有限公司
地　　址　新北市新莊區五工五路2號
電　　話　(02) 8990-2588
傳　　真　(02) 2299-7900

製　　版　興旺彩色印刷製版有限公司
印　　刷　鴻海科技印刷股份有限公司

初　　版　2019年4月
定　　價　新臺幣400元
I S B N　978-986-364-142-1（平裝）

國家圖書館出版品預行編目（CIP）資料

令人垂涎三尺的蛋糕卷 / 林倍加作. - - 初版. - - 臺北市：
橘子文化，2019.04
面；　　公分
ISBN　978-986-364-142-1（平裝）
1. 點心食譜
427.16　　　　108005022